Uwe H. Sültz

SABA – Die ersten Compact Cassetten Recorder

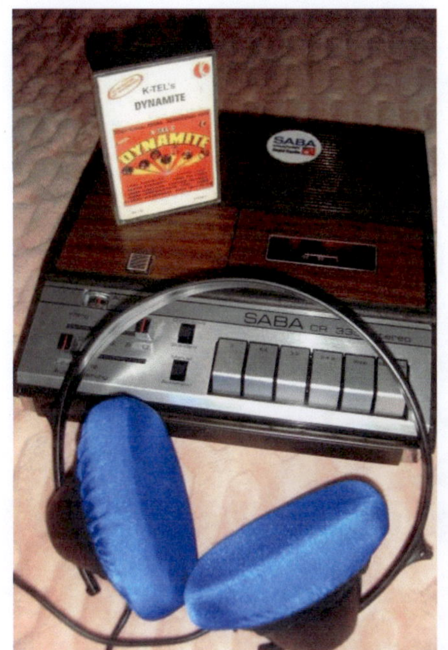

2025

Bibliografische Information durch die Deutsche Nationalbibliothek
Die Deutsche Nationalbibliothek verzeichnet diese Publikation in der
Deutschen Nationalbibliografie; detaillierte bibliografische Daten
sind im Internet über http://dnb.dnb.de abrufbar.

Einleitung - SÜLTZ & SABA
Aus dem FRANZISKANER MUSEUM
Was WIKIPEDIA zu SABA sagt
Funkausstellung 1969 Neuheiten

1969 Recorder 320 1. Generation
1971 Recorder 320 2. Generation
1972 Recorder CR 325 in MONO
1973 Recorder CR 335 in STEREO
1976 Recorder CR 336 in STEREO
Zubehör
Reparatur-Service
Was die Prospekte nicht eingehalten haben
FINAL EDITION mit LED Beleuchtung
Pressemitteilungen
SABA und BBURAGO

Druck: Libri Plureos GmbH, Friedensallee 273, 22763 Hamburg
ISBN: 978-3-8192-0986-4

SÜLTZ BÜCHER
© Uwe H. Sültz
Verlag:
BoD · Books on Demand
GmbH, Überseering 33,
22297 Hamburg, bod@bod.de

Liebe „SABAnesen",

dieses Buch befasst sich mit dem ersten Compact Cassetten Recorder

von SABA und der nachfolgenden Modelle dieser Baugruppe.

Nach der Vorstellung des ersten Recorders 320 folgten weitere 4

verbesserte Nachfolgemodelle.

Bevor ich aber darauf eingehe, etwas zu SÜLTZ und SABA:

Wir waren als RADIO- UND FERNSEHWERKSTATT HEINZ SÜLTZ,

MEISTERBETRIEB, Vertragswerkstatt für den Service und den Verkauf

ab den 1970er Jahren zuständig für SABA.

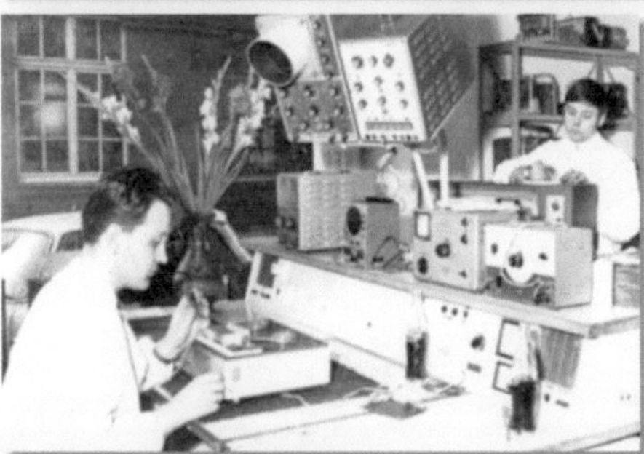

Hier nun Auszüge aus dem

Franziskanermuseum, Rietgasse 2, 78050 Villingen-Schwenningen

07721 / 82-2351   www.franziskanermuseum.de

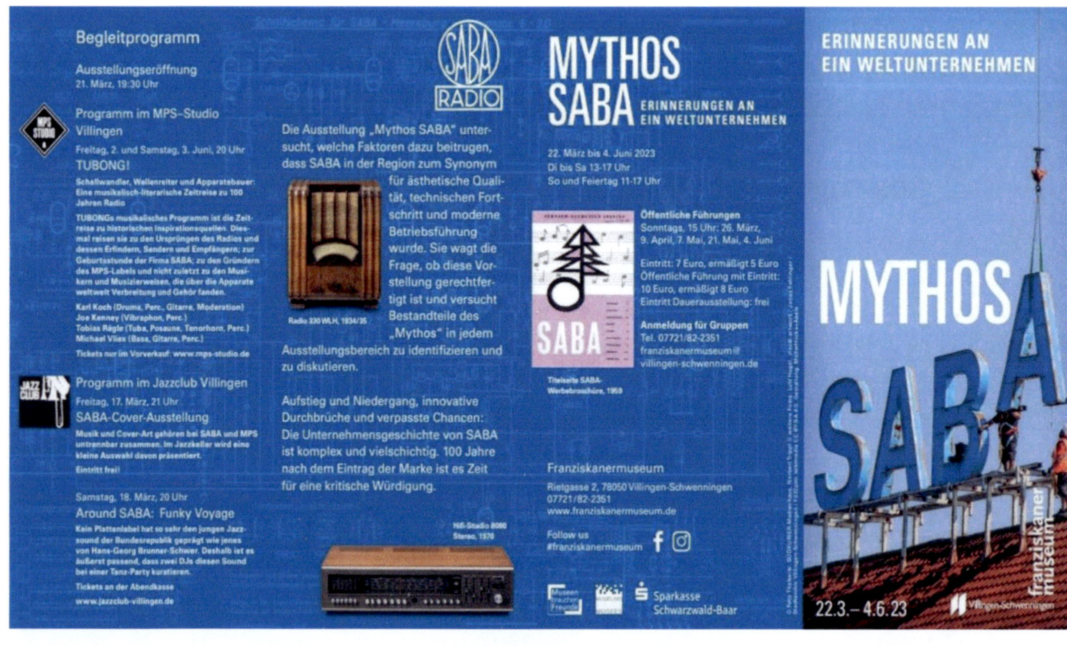

„In unserer Firma gilt, vom Ersten bis zum Letzten, nur die eine Losung: SABA in der Welt voran!"

(Aus einer SABA-Werbebroschüre, 1927)

SABA-Werksgelände in Villingen

Zu ihren Glanzzeiten zählte die Schwarzwälder Apparate-Bau-Anstalt, kurz SABA, zu den Top-Marken in der Unterhaltungselektronik-Branche. Das Familienunternehmen fertigte Fernseher, Radios und Tonbandgeräte auf höchstem technischen Niveau. Nach den Wirren des Krieges konnte SABA in der Wirtschaftswunderzeit rasch wieder an frühere Erfolge anknüpfen und wurde zu einem der wichtigsten Arbeitgeber der Region. Bis heute fühlen sich ehemalige „Sabanesen" mit dem Unternehmen und seiner Betriebsgemeinschaft eng verbunden.

Von Beginn an zeigten sich jedoch auch unternehmerische Schwächen: Eine exklusive Hochpreispolitik, Fehlinvestitionen und Intrigen legten die Grundlage für den allmählichen Niedergang. Mit der Übernahme durch den US-Konzern GTE und dem Verkauf an Thomson wandelte sich der einst soziale Familienbetrieb zum Teil eines multinationalen Unternehmens. Als schließlich nur noch rote Zahlen geschrieben wurden und das letzte Familienmitglied Brunner-Schwer die Geschäftsführung verließ, war auch ein Kapitel Stadtgeschichte Villingen-Schwenningens zu Ende.

Hermann Brunner-Schwer und Geschäftsführer Ernst Scherb, um 1960

Nach einem Auftakt, der die Betriebsgeschichte Revue passieren lässt, widmet sich ein Teil der Präsentation der NS-Zeit, die einerseits von Hermann Brunner-Schwer in seiner Autobiographie sehr offen dargestellt wird, zu der andererseits aber bis heute Forschungsbedarf besteht. In Interviews und Berichten schildern unterschiedlichste Zeitzeugen ihre ganz persönlichen „SABA-Geschichten" in Verbindung mit einzelnen Objekten, so dass die Technikgeschichte um eine emotionale Ebene bereichert wird.

Radio Freiburg Automatic 6-3D, 1955/56

In einer Art Schaudepot aus der umfangreichen Sammlung des Franziskanermuseums wird schließlich ein Jahrhundert der Unterhaltungselektronik gezeigt: Wegmarken wie das erste Radio mit automatischem Sendersuchlauf stehen neben Standardprodukten und absoluten Besonderheiten wie dem „Schlafpulsator" und einer akustischen Notentafel.

Produktion bei SABA, 1934

Bollenhutträgerinnen als Werbemodelle für SABA

Fernseher Schauinsland T154 Automatic, 1964/65

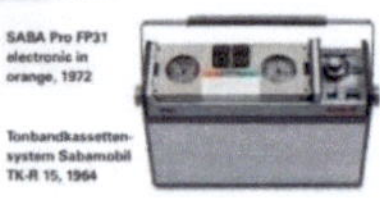
SABA Pro FP31 electronic in orange, 1972

Tonbandkassettensystem Sabamobil TK-R 15, 1964

Graffiti auf dem ehemaligen SABA-Gelände, Jonas Fehlinger, 2021

Zu ihren Glanzzeiten zählte die Schwarzwälder Apparate-Bau-Anstalt, kurz SABA,

zu den Top Marken in der Unterhaltungselektronik-Branche.

Das Familienunternehmen fertigte Fernseher, Radios und Tonbandgeräte auf

Höchstem, technischen Niveau. Nach den Wirren des Krieges konnte SABA in der

Wirtschaftswunderzeit rasch wieder an frühere Erfolge anknüpfen und

wurde zu einem der wichtigsten Arbeitgeber der Region.

Bis heute fühlen sich ehemalige „SABAnesen" mit dem Unternehmen und seiner

Betriebsgemeinschaft eng verbunden ...

Das gilt auch für uns, immer noch fühlen wir, Petra Sültz-Lohoff, Uwe H. Sültz,

Heinz Sültz, uns mit SABA verbunden. Es war ein Teil unseres Arbeitslebens.

Welches wir mit Freude und Begeisterung erlebt haben. ...

Zurück zur SABA Geschichte: Von Beginn an zeigten

sich jedoch auch unternehmerische Schwächen:

Eine exklusive Hochpreispolitik, Fehlinvestitionen und

Intrigen legten die Grundlage für den allmählichen

Niedergang. Mit der Übernahme durch den US-

Konzern GTE und dem Verkauf an Thomson wandelte

sich der einst soziale Familienbetrieb zum Teil

Hermann Brunner-Schwer und
Geschäftsführer Ernst Scherb,
um 1960

eines multinationalen Unternehmens. Als schließlich nur noch rote Zahlen

geschrieben wurden und das letzte Familienmitglied Brunner-Schwer die

Geschäftsführung verließ, war auch ein Kapitel Stadtgeschichte

Villingen Schwenningens zu Ende.

SABA-Werksgelände

Was sagt WIKIPEDIA zu SABA:

Als Mitglied der WIKIMEDIA FOUNDATION unterstütze ich die Wissensweitergabe von WIKIPEDIA, verlinke die Quellen und werbe für die FOUNDATION!

Die Firma SABA (Schwarzwälder Apparate-Bau-Anstalt August Schwer Söhne GmbH) war ein deutscher Rundfunkgerätehersteller. Zuletzt Bestandteil eines chinesisch-französischen Gemeinschaftsunternehmens, befand sich am Urstandort Villingen nur noch eine Entwicklungsabteilung. SABA, bzw. das Unternehmen SABA-Werke, wurde 1986 aufgelöst; das Nachfolgeunternehmen TTE Germany ging 2007 in Insolvenz. Der aktuelle Eigner der Markenrechte, seit 2022 Talisman Brands, beschränkt sich auf die Lizenzierung der Marke an Fremdhersteller.

1923 begann die Firma Teile für Radiogeräte herzustellen, etwa Spulen und Drehkondensatoren. Die Firma nannte sich nun Schwarzwälder Apparate-Bau-Anstalt. Es stellte sich schnell Erfolg ein, und eine Transformatorenfertigung wurde eingerichtet. Ab 1926 bot die Firma Radiobausätze an, bevor sie 1927 begann, komplette Geräte selbst herzustellen. Technisch herausragende Geräte wie das prämierte S35, das von Eugen Leutholt entwickelt wurde, sicherten den Geschäftserfolg. 1935 stand SABA mit einem Marktanteil von zehn Prozent in Deutschland an zweiter Stelle der deutschen Radiogerätehersteller hinter Telefunken. Saba stellte auch die Volksempfänger VE301 W, GW, Dyn W und Dyn GW her. Im Zweiten Weltkrieg wurde auf Rüstungsgüter wie Funkgeräte für Panzer umgestellt, und die Produktionsanlagen wurden erweitert. Am 19. April 1945 zerstörten zwei Bombenvolltreffer vor allem die erst kurz zuvor errichteten Werksgebäude vollständig. Das Verwaltungsgebäude blieb jedoch erhalten, lediglich das Dach wurde zerstört.

Gegen Ende 1945 konnte SABA Spielzeug (einen Kran), Tablettenröhrchen für die Pharmaindustrie und andere unbedeutendere Erzeugnisse herstellen.

Ab 1946 ermöglichte ein Kontingent die Herstellung von Fernsprechern für die Post. Der erste völlig neu konstruierte Nachkriegs-Apparat W 46 stammte von SABA.

Er wurde jedoch nicht in großer Stückzahl gebaut. Ab den 1950er Jahren stellte SABA zusammen mit anderen bundesdeutschen Telefonbaufirmen auch den W 48 her, den langjährigen Standard-Fernsprecher der Deutschen Bundespost.

Erst 1947 konnte wieder mit der Produktion von Radiogeräten begonnen werden. 1949 wurde die Firma in eine GmbH überführt. Da die Erben noch zu jung waren, übernahm der Stiefvater die Geschäfte. Im Radioverkauf stellte sich zunächst wieder der Vorkriegserfolg ein. Dann begann SABA mit der Produktion von Kühlschränken und verpasste so beinahe den Fernsehboom. Erst 1957 wurde die nicht sehr erfolgreiche Kühlschrankproduktion eingestellt, und die Brunner-Schwer-Brüder übernahmen SABA. Der erste serienmäßig von SABA hergestellte Fernseher war der Schauinsland W II von 1953. In den 1960er-Jahren übernahmen die Erben und Enkel des Unternehmers Hermann Schwer, Hans Georg Brunner-Schwer und Hermann Brunner-Schwer die Leitung des Unternehmens. Anschließend folgte eine Expansion des Unternehmens, unter anderem mit einem Werk in Friedrichshafen zur Fertigung von Tonbandgeräten und versuchte sich 1964 mit dem tragbaren Kassettenformat Sabamobil. Daneben baute SABA Kofferradios und ab 1967 mit der Einführung des PAL-Farbfernsehens auch Farbfernsehgeräte. Die zur Spitzenklasse gehörenden Musiktruhen des Herstellers trugen zeitweise die Bezeichnung „Königin von Saba".

SABA investierte in etliche Großprojekte: Tonbandgeräte für Satelliten und Tonstudios, Geräte zur Beseitigung von Schlafstörungen u. v. m. Diese hochpreisigen Geräte zusammen mit anderen Fehlentscheidungen brachten das Unternehmen Ende der 1960er Jahre in finanzielle Schieflage.

Zu den innovativen Techniken von SABA gehörte u. a. die drahtlose Fernbedienung, die per Ultraschall bestimmte Funktionen steuerte. Weitere Entwicklungen bei den Fernsehern waren Bild im Bild und ein integriertes Service- und Diagnosesystem zur Erleichterung bei der Fehlersuche. Das Design der Geräte errang zahlreiche Auszeichnungen. Auch die Sozialpolitik des Unternehmens machte die Firma zu einem begehrten Arbeitgeber in Villingen-Schwenningen, der in vielen Positionen auch ausländische Arbeitskräfte aus Italien oder Jugoslawien beschäftigte.

Geschäftsführer der SABA-Werke war ab 1969 Alfred Liebetrau (* 1922; ab 1971 Generalbevollmächtigter der Grundig-Werke, später Präsident der IHK Schwarzwald-Baar-Heuberg und Unternehmensberater). Die 1970er Jahre brachten den Niedergang. 1978 kaufte SABA die 2000er Serie von Sanyo, 1979 wurde die HiFi-Geräteherstellung ganz aufgegeben.

Im Jahr 1980 schließlich wurde die Firma an den französischen Thomson-Konzern verkauft. 2005 existierte nur noch die Marke SABA, die noch bis zum 26. November 2015 von der Thomson multimedia Sales Germany GmbH gehalten, aber am 24. Juni 2016 gelöscht wurde.

Nach der Übernahme durch Thomson 1981 und der Integration der Telefunken-Fabriken 1986 kam es teilweise zu enormen Überkapazitäten, die Entlassungen und Stellenabbau verursachten. Erhoffte Synergie-Effekte blieben aus.

In den späten 1980er Jahren wurde die Produktion nicht nur aus Kostengründen, sondern auch wegen der Spezialisierung auf Forschung und Entwicklung, die Generalisten und Manager eher benachteiligte, ins kostengünstigere Ausland verlegt.

1986 entstand ein neues Umfeld im Handel mit Lizenzen und Patenten im internationalen Bereich. Der Name des Unternehmens wechselte häufig: SEWEK, DEWEK, EWD, TTG, DTB und zuletzt TTE. In Villingen-Schwenningen blieb nur noch eine Entwicklungsabteilung des Unternehmens. 1988 starb der ehemalige Chef der SABA-Werke Hermann Brunner-Schwer, und 2004 erlitt Hans Georg Brunner-Schwer, Chef der MPS-Records, einen tödlichen Unfall.

Mit der Insolvenz der TTE Germany, des chinesisch-französischen Joint Ventures zwischen TCL und Thomson, gingen im Jahre 2008 erneut viele Arbeitsplätze in der Fernseherentwicklung am Standort Villingen-Schwenningen verloren.

Im August 2021 wurden die verbliebenen Gebäude am Standort Villingen abgerissen.

SABA
RADIO
SABA
Schwarzwälder Wertarbeit
Auf lange Sicht:
SABA
TV·VIDEO·HIFI
SABA
SABA
Saba

SABA

Geräteprogramm mit den Neuheiten der Funkausstellung 1969

Für SABA spricht die Präzision

SABA   Tonbandgeräte, Plattenspieler

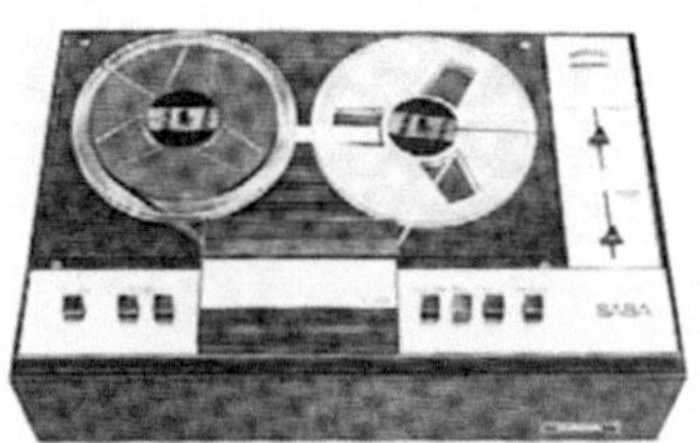

SABA Tonbandgerät 420 Zweispurtechnik
Äußerst preiswert. 18-cm-Spulen. 9,5 cm/sec. 4 Stunden
Spieldauer. Flachbahnregler wie in der Studiotechnik. Trick-
taste. Horizontal- und Vertikalbetrieb. 5 Watt Ausgangs-
leistung. Maße: 49 x 17,5 x 33 cm Gewicht: 8 kg
Festpreis DM 298,—   Gesetzliche Urheberrechtsgebühr DM 5,27

SABA Tonbandgerät 445 automatic Vierspurtechnik
4,75 und 9,5 cm/sec. 16 Stunden Spieldauer. Flachbahnregler
für Höhen, Tiefen, Aussteuerung und Lautstärke. Aussteuerungsautomatik. 4-stelliges Bandzählwerk. Elektrische
Bandendabschaltung. Horizontal- und Vertikalbetrieb.
Maße: 49,5 x 17,5 x 32,5 cm Gewicht: 9 kg Festpreis DM 398,—
    Gesetzliche Urheberrechtsgebühr DM 10,55

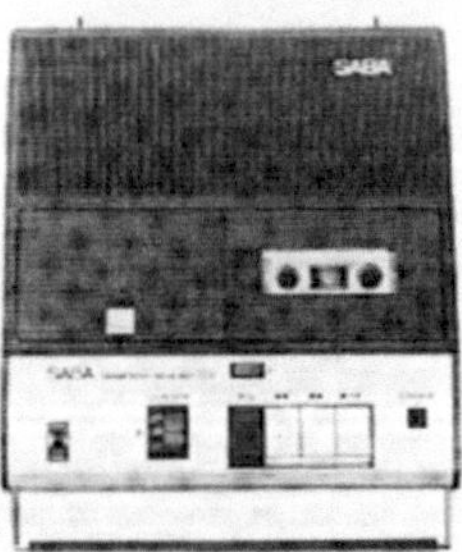

SABA cassetten-recorder 320   Modernes Compact-
Cassetten-Gerät für Aufnahme und Wiedergabe. Eingebautes
Netzteil. Volltransistortechnik. Sämtliches Zubehör im Gerät.
Geschwindigkeit 4,75 cm/s. Spieldauer max. 2 x 60 Min.
Maße: 24 x 7,5 x 26 cm Gewicht: 2,5 kg
Festpreis DM 248,—   Gesetzliche Urheberrechtsgebühr DM 5,27

SABA Tonbandgerät 440 automatic Vierspurtechnik
18-cm-Spulen. 9,5 cm/sec. 8 Stunden Spieldauer. Flachbahnregler wie in der Studiotechnik. Aussteuerungs-Automatik
mit Feldeffekt-Transistor. 4-stelliges Bandzählwerk. Hori-
zontal- und Vertikalbetrieb. Maße und Gewicht wie TG 420.
Festpreis DM 348,—   Gesetzliche Urheberrechtsgebühr DM 5,27

SABA HiFi-Studiotonbandgerät 600 SH Stereo Zwei-
spurtechnik   Das Spitzengerät von SABA. Für 9,5 und
19,5 cm/s. Getrennte Aufnahme- und Wiedergabeköpfe.
Cutter-Einrichtung. 22-cm-Spulen. Drei-Motoren-Laufwerk.
Vierkanal-Mischpult mit Flachbahnreglern.
Maße: 61 x 40 x 21 cm   Gewicht: 25 kg   Festpreis DM 1998,—
    Gesetzliche Urheberrechtsgebühr DM 21,09

SABA HiFi-Plattenspieler 326   Hochwertiger Studio-
Metallarm. Tonarmlift. Antiskating-Einrichtung. Wechsel-
automatik. Stereo-Tonabnehmer: Shure-Magnetsystem M-75
MG mit auswechselbarer Diamantnadel.
Maße: 42 x 19,5 x 38,5 cm   Gewicht: 11,2 kg
Festpreis (Grundausführung) DM 528,—

Es dauerte bis ins Jahr 1969, bis SABA den ersten Compact Cassetten Recorder auf den Markt brachte. Immerhin hatte PHILPS den weltersten Recorder EL 3300 1963 vorgestellt. 1967 stellte PHILIPS dann den EL 3312 vor… und zwar in STEREO!

SABA setzte bis 1969 immer noch auf Tonbandgeräte. Eigentlich verschliefen sie den Beginn der Compact Cassetten. Andere Marken leider auch. Der Recorder SABA 320 war ein sehr robuster Recorder. Die erste Version hatte noch keinen Klangregler. 1971 wurde dem 320 dann ein Klangregler spendiert. Das machte bei dem großen eingebauten Lautsprecher Sinn. Der Lautsprecher hatte einen Durchmesser von über 10 cm. Der Preis lag bei 248 DM.
Die Ausstattung: Der erste 320 hatte ein Mikrofon mit Klinkensteckern, getrennt für den Ein/Aus-Schalter in 2,5 mm und für das Mikrofon mit 3,5 mm. Alle nachfolgenden Versionen besaßen eine 5-Pol-DIN-Buchse. Das Mikrofon ist ein Zubehör und kann im Fach neben dem Cassettenschacht verstaut werden. Dort liegt auch ein Ohrhörer. Ebenso waren die Schutztasche, ein Überspielkabel und eine Leercassette mit im Umfang.

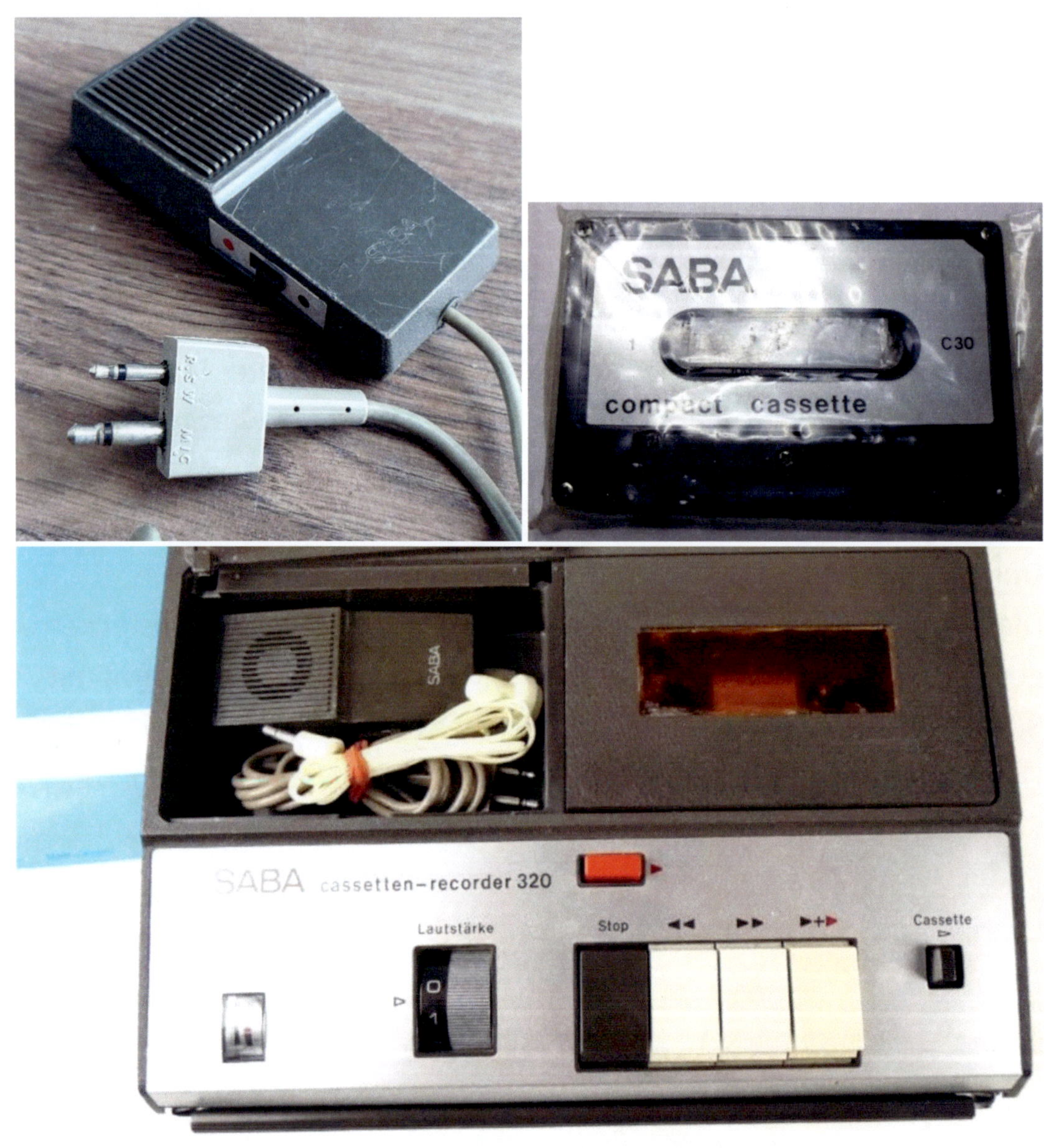

Das Mikrofon hatte einen Ein/Aus-Schalter. Bei zukünftigen Recordern verzichtete SABA auf den eigentlich sehr sinnvollen Schalter. Damit ist nicht das Nachfolgegerät 320 mit Klangregler gemeint. Dieser 5-Pol-Anschluss hatte im Recorder noch die Funktion Ein/Aus.

SABA cassetten-recorder 320

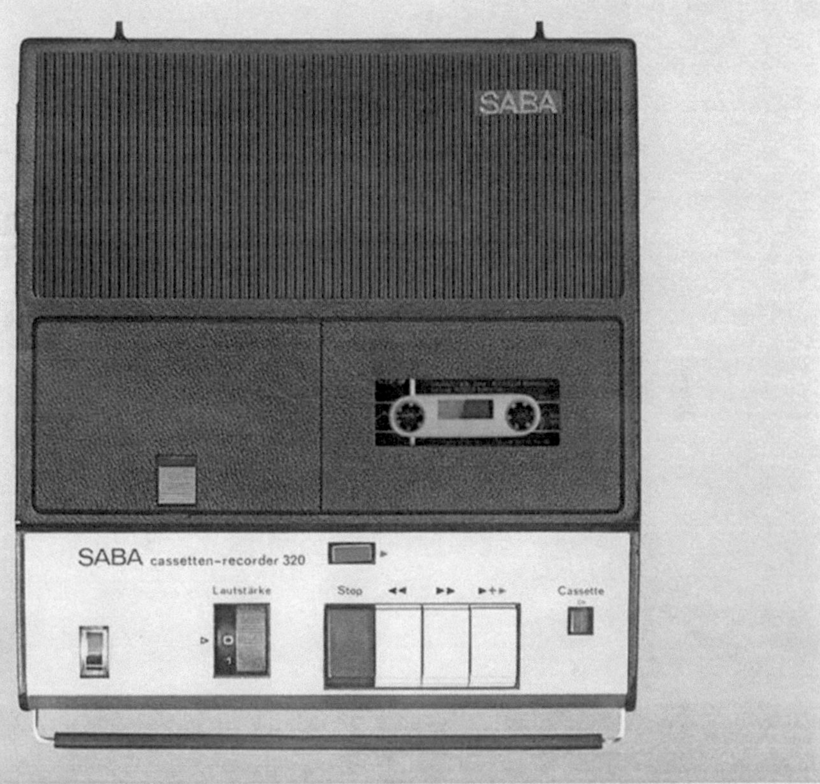

Komplett für Batterie- und Netzbetrieb
Aussteuer-Automatik

Neu von SABA! Modernstes Compact-Cassetten-Gerät. Ein echter Alleskönner! Unterhält Sie und Ihre Gäste mit flotter Musik. Ist der ideale tragbare „Reporter" (für Aufnahmen im Freien). Läßt sich als Diktiergerät verwenden. Nimmt Rundfunksendungen und Platten auf. Die Bedienung ist denkbar einfach: Cassette einlegen, Knopf drücken — schon geht's los. Der SABA cassetten-recorder hat ein eingebautes Netzteil. Sie können ihn also auch ohne weiteres zu Hause ans Stromnetz anschließen. Das ist sparsam und schont die Batterien. Lieferbar ab Juni.

Technische Daten: Volltransistortechnik. Aussteuer-Automatik bei Aufnahme. Batterie-Kontrolle durch Zeigerinstrument. Cassetten-Auswurfmechanik. Organisch eingebautes Netzteil mit fest angebrachter Netzschnur. Aufnahme und Wiedergabe über Diodenbuchse. Beim Diktieren Funktionen Ein/Aus über Mikrofon steuerbar. Zweispurtechnik. Ausführung: anthrazit/beige. Zubehör (im Preis eingeschlossen): Bereitschaftstasche (Abbildung), Mikrofon, Ohrhörer, Leercassette, Rundfunkverbindungskabel.

SABA cassetten-recorder 320 mit eingebautem Netzteil

Organisch eingebautes Netzteil mit fest angebrachtem Netzkabel:

Das Netzkabel ist direkt im Gerät verstaut und kann bei Benutzung bequem und leicht herausgeholt werden.

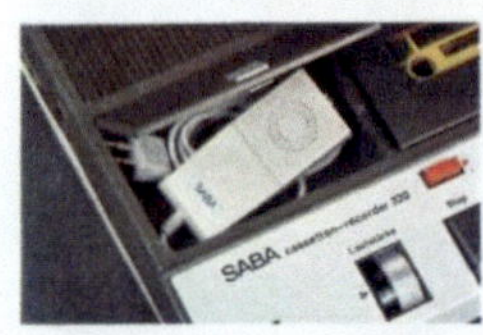

Zubehörfach für Mikrofon und Ohrhörer direkt im Gerät:

Durch einfachen Tastendruck wird das Zubehörfach geöffnet. Mikrofon und Ohrhörer liegen griffbereit. Nach Benutzung wieder schnelles und bequemes Verstauen möglich.

Einfacher Kassettenwechsel durch Kassettenauswurfmechanik:

Ein Knopfdruck genügt – die gebrauchte Kassette wird ausgeworfen. Neue Kassette durch einfachen Druck einlegen. Rastet sofort ein und ist betriebsfertig.

Sicher und bequem mitzunehmen in der praktischen Bereitschaftstasche:

Sie schützt den cassetten-recorder unterwegs. Auch in der Bereitschaftstasche sind alle Bedienungselemente zugänglich.

Neu von SABA! Modernstes Compact-Cassetten-Gerät für Aufnahme und Wiedergabe. Ein echter Alleskönner. Zu Hause unterhält er Sie und Ihre Gäste mit flotter Musik. Er nimmt fröhliches Kindergeplapper auf oder das Bellen Ihres Lieblingshundes. Unterwegs ist er der ideale „Reporter". Er hält Umweltgeräusche fest und fixiert die ersten Vogelstimmen im Frühling. Man kann ihm wichtige Briefe diktieren, Rundfunksendungen und Schallplatten mit ihm aufnehmen. Die Bedienung ist spielend leicht: einfach Kassette einlegen, Knopf drücken – schon geht's los. Der SABA cassetten-recorder hat ein eingebautes Netzteil. Sie können ihn also auch ohne weiteres zu Hause ans Stromnetz anschließen. Das ist sparsam und schont die Batterien.

Technische Daten: Volltransistortechnik. Aussteuerungs-Automatik bei Aufnahme, Batterie-Kontrolle durch Zeigerinstrument. Kassettenauswurfmechanik. Netzteil mit fest angebrachter Netzschnur. Aufnahme und Wiedergabe über Diodenbuchse. Beim Diktieren Funktion Ein/Aus über Mikrofon steuerbar. Zweispurtechnik. Ausführung: anthrazit/beige. Folgendes Zubehör ist im Preis einbegriffen: Bereitschaftstasche, Rundfunkverbindungskabel, Ohrhörer, Mikrofon mit Ständer, Leerkassette. Lieferbar ab August.

SABA
cassetten-
recorder
320

Er ist größer,
weil mehr
drinsteckt:

1. Großer Klang durch
großen Allfrequenzlautsprecher
2. Organisch eingebautes Netzteil.
Das spart Batterien
3. Zubehörfach: Mikrofon, Ständer und Ohrhörer
sind immer griffbereit
4. Aussteuerungs-Automatik
5. Mithörmöglichkeit bei Aufnahme
6. Batterie-Kontrolle
durch Zeigerinstrument
7. Geräte-Fernsteuerung
am Mikrofon
8. SABA-Garantie
für Präzision
Das bedeutet
ausgereifte
Technik und hohe
Zuverlässigkeit.

Den SABA
cassetten-recorder 320
erhalten Sie in einer
schicken Bereitschafts-
tasche einschließlich
sämtlichem
Zubehör. Lassen
Sie sich den
Spezial-Farb-
prospekt von
SABA kommen,
oder fragen Sie
Ihren Fach-
händler.

SABA
cassetten-recorder 320

Lautstärke
Start
Cassette

LEARNING
ENGLISH

Technische Daten:
7 Transistoren, 1 Diode,
2 Gleichrichter.
Bandgeschwindigkeit:
4,75 cm/sec. Zweispurtechnik.
Laufzeit: 2 x 60 Minuten.
Ausgangsleistung: 1 Watt.
Eingänge: Mikrofon, Radio,
Plattenspieler.
Ausgänge: Radio, Ohrhörer.
Maße: 24 x 7,5 x 26 cm (B x H x T).
Gewicht: ca. 2,5 kg.

SABA
773 VILLINGEN/SCHWARZWALD
Änderungen und Liefermöglichkeit vorbehalten.
Printed in Western Germany · VFO 91651-12

SABA cassetten-recorder 320

Das universelle Cassetten-Gerät für Batterie- und Netzbetrieb. Erstklassig in der Technik und elegant in der Form. Ein Gerät, das immer Freude macht, ob zu Hause oder unterwegs . . .

- Volltransistortechnik
- Organisch eingebautes Netzteil
- Aussteuerungs-Automatik
- Hochwirksamer Klangregler

- Besonders guter Klang durch großen Allfrequenzlautsprecher 10,5 cm ⌀
- Mithörkontrolle bei Aufnahme über Ohrhörer
- Direkte Aufnahme von Rundfunk, Platte oder Tonband sowie Wiedergabe über Rundfunkgerät durch mitgeliefertes Rundfunk-Verbindungskabel
- Batteriekontrolle durch Zeigerinstrument

Ausführung: anthrazit/beige. Maße: 24 x 7,5 x 26 cm (B x H x T). Gewicht: ca. 2,5 kg. Zubehör (im Preis eingeschlossen): Bereitschaftstasche (siehe Abbildung rechts), Mikrofon, Ohrhörer, Leercassette, Rundfunkverbindungskabel. Technische Daten: 9 Transistoren, 2 Dioden, 2 Gleichrichter. Bandgeschwindigkeit: 4,75 cm/s. Zweispurtechnik.

Laufzeit: 2 x 45 Minuten. Ausgangsleistung: 1 Watt.

Der Recorder 320, 2te Version:

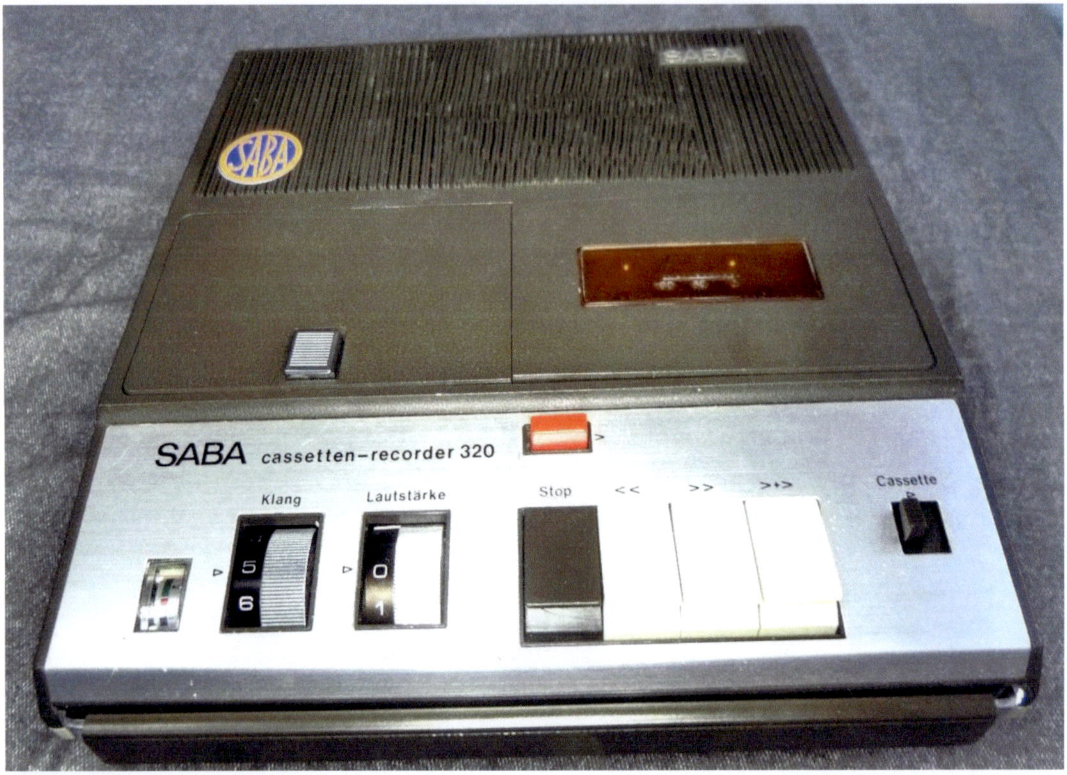

SABA
SABA cassetten-recorder 320
Klang
Lautstärke
Stop
<<
>>
>•>
Cassette
5
6
0
1

SABA
Schwarzwälder Apparate-Bau
SABA
cassetten-recorder 320G
220V~50Hz·6 Batt.(5×1,5V
Leistungsaufnahme 5 Watt
Vor Feuchtigkeit schützen!
Protect against moisture

SABA cassetten-recorder 320
Klang
Lautstärke

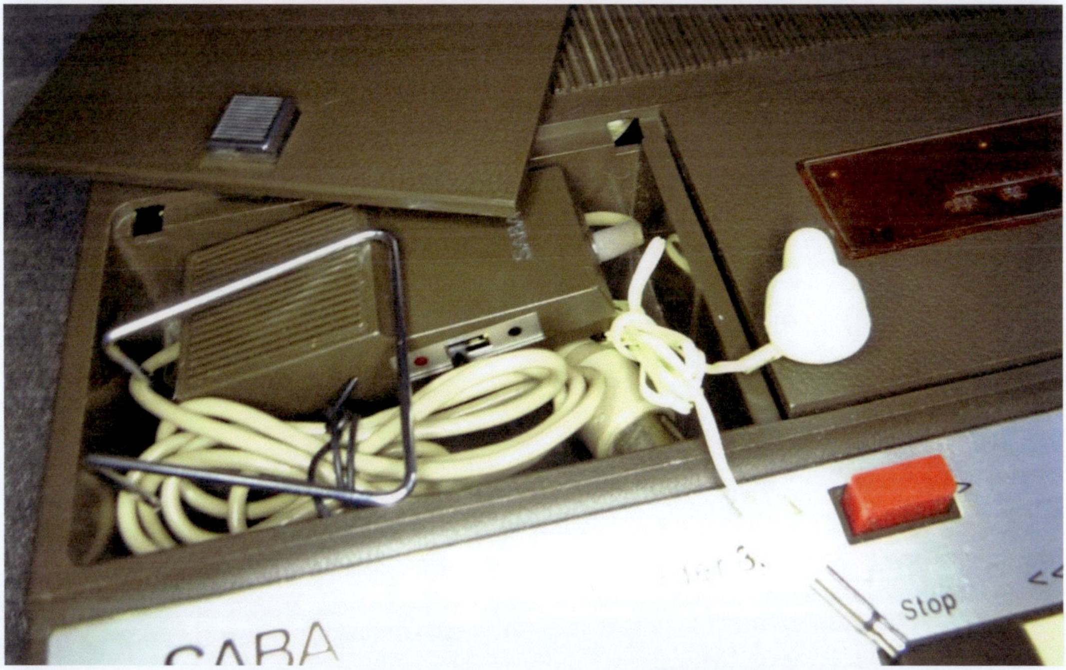

SABA
Stop

Das Innenleben des 320:

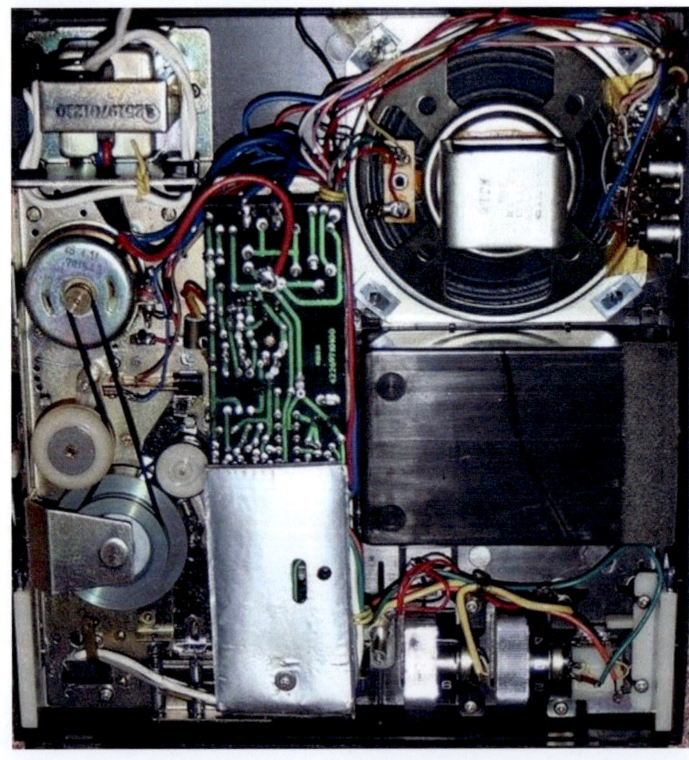

Die Alleskönner von SABA: Wunschprogramm am laufenden Band

① SABA
cassetten-recorder 320

Der Allzweckrecorder von SABA.
Vielseitigkeit ist Trumpf. Zuhause oder
auf Reisen, am Stromnetz oder mit
Batterien: Ihr Wunschprogramm ist
immer dabei. Als bereits bespielte Musik-
Cassette oder selbst aufgenommen. Von
Radio, Plattenspieler, Tonband oder per
Mikrofon.
o Praktische Bereitschaftstasche
o Zubehörfach im Gerät
o Eingebautes Netzteil
o Aussteuerungsautomatik
o Beim Diktieren Funktion Ein/Aus über
  Mikrofon steuerbar
o Großer Lautsprecher
Technische Hinweise: 9 Transistoren,
2 Dioden, 2 Gleichrichter. Eingänge:

Mikrofon, Radio, Plattenspieler, Band.
Ausgänge: Radio oder Verstärker.
Ohrhörer. Wechselstrom 220 V oder
6 Babyzellen à 1,5 V. Ausgangsleistung
1 Watt. Zubehör: Bereitschaftstasche.
Mikrofon mit Ständer, Ohrhörer, Leer-
cassette. Rundfunkverbindungskabel.
Maße 24 x 7,5 x 26 cm (BxHxT).
Gewicht: ca. 2,5 kg
Ausführung und Preis einschl. Zubehör
und Urheberabgabe:
Anthrazit/beige   DM 248,—

② SABA
cassetten-recorder 321

Der robuste Senkrecht-Recorder von
SABA! Endlich ein Gerät, das nicht klirrt
und nicht dröhnt, sondern klingt. Gerade
im Freien ist der Klang wichtig

Da braucht man einen großen Lautsprecher und eine hohe Ausgangsleistung und einen stufenlosen
Klangregler.
o Batterie- und Netzbetrieb
o Großer Klang durch großen Lautsprecher: Klangregler
o Aussteuerungs-Automatik
o Volltransistorisiert
Technische Hinweise: 8 Transistoren,
1 Diode, 2 Gleichrichter.
Batterien: 4 Babyzellen à 1,5 V
Sonstige technische Ausstattung
wie CR 320
Maße: 26 x 16,5 x 7,5 cm (BxHxT).
Gewicht: ca. 2,5 kg.
Ausführungen und Preis einschl. Zubehör
und Urheberabgabe:
Nußbaumfarben,
pantherschwarz   DM 228,—

Im Jahr 1972 wurden letzte Recorder vom Typ 320 angeboten,
gleichzeitig stellte SABA den neuen Recorder CR 325 in MONO vor.

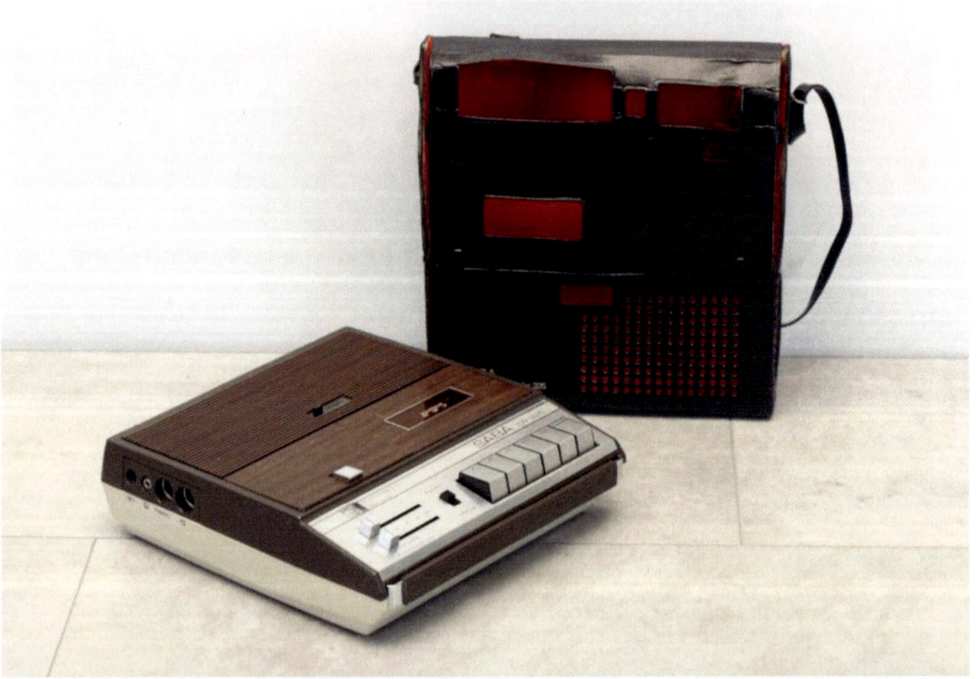

③ **SABA**
cassetten-recorder 325

Das Mini-Tonbandgerät für die Reise.
Mit Mikrofon und praktischer Bereit-
schaftstasche, mit Aufnahmekabel und
Mikrofon-Fernbedienung. Ob Sie ihn als
Diktiergerät benutzen oder die Hit-Parade
aufnehmen — beim Abspielen freuen Sie
sich jedesmal über die hervorragende
Wiedergabequalität.

o Batterie- und Netzbetrieb, eingebautes
   Netzteil
o Aussteuerung automatisch oder
   manuell (umschaltbar)
o Flachbahnregler für Klang und
   Lautstärke/Aussteuerung
o Pausentaste
o Automatische Endabschaltung

Technische Hinweise: 9 Transistoren,
2 Dioden, 2 Gleichrichter. Bandgeschwindigkeit: 4,75 cm/s. Laufzeit:
max. 2 x 60 Minuten. Ausgangsleistung:
1 Watt. Ein- und Ausgänge wie CR 320.
Maße: 24 x 7,5 x 26 cm (BxHxT).
Gewicht: ca. 2,5 kg. Zubehör wie CR 320.
Ausführung und Preis einschl. Zubehör
und Urheberabgabe:
Nußbaumfarben   DM 248,–

④ **SABA**
radio-recorder 352

Der Radio-Cassetten-Recorder: Ein neuer
Sommer-Hit von SABA! Radio und
Cassette im Kompakt-System. Der Clou:
Sie können Ihr Wunschprogramm per
Tastendruck direkt von MW oder UKW
auf Cassette überspielen.

o Batterie- und Netzbetrieb durch
   organisch eingebautes Netzteil
o 2 Wellenbereiche: MW und UKW
o Flachbahnregler für Klang und
   Lautstärke
o Aussteuerungsautomatik
o Eingebaute Ferrit- und Teleskop-
   antenne
o Automatische Endabschaltung

Technische Hinweise:
Gegentaktendstufe 2 Watt. Laufzeit
2 x 60 Min. Stromversorgung: 220 V
Wechselstrom oder 6 Babyzellen à 1,5 V
oder externe 9 V-Stromquelle. Eingänge:
Mikrofon, Radio. Ausgänge: Radio.
Ohrhörer. Bandgeschwindigkeit
4,75 cm/s. Maße: 29 x 20 x 7 cm (BxHxT).
Gewicht: ca. 2,5 kg
Ausführung und Preis einschl. Zubehör
und Urheberabgabe:
Anthrazit   DM 328,– 15

...kinderleicht zu bedienen

③ SABA
cassetten-recorder 315

Der robuste Senkrecht-Recorder von
SABA. Ein Gerät für ganz Mobile — in
der praktischen Kofferform.
o Batterie- und Netzbetrieb mit selbsttätiger Umschaltung
o Eingebautes Mikrofon mit Leuchtanzeige
o Aussteuerungsautomatik
o Flachbahnregler für Lautstärke und
 Klang
o Laufzeit 2 x 60 Minuten
o Automatische Endabschaltung
Technische Hinweise:
1 W Spitzenleistung. Bandgeschwindigkeit: 4,75 cm/s. Eingänge: Mikrofon,
Radio/TA/Band. Ausgänge: Radio/Band,
Ohrhörer. Zubehör: Ohrhörer, Leer-

cassette, Rundfunkverbindungskabel.
Gewicht: 2.2 kg mit Batterien.
Maße: ca. 28,5 x 15 x 7 cm (B x H x T).

 Ausführung und Preis einschl.
Zubehör und Urheberabgabe:
Pantherschwarz   DM 198.—

④ SABA
cassetten-recorder 325

Das Mini-Tonbandgerät für die Reise.
Mit Mikrofon, praktischer Bereitschaftstasche und Aufnahmekabel.
o Batterie- und Netzbetrieb mit selbsttätiger Umschaltung
o Aussteuerung automatisch oder
 manuell (umschaltbar)
o Mikrofon-Fernbedienung
o Flachbahnregler für Klang und
 Lautstärke/Aussteuerung

o Pausentaste
o Schneller Vor- und Rücklauf
o Dreistelliges Zählwerk mit Nulltaste
o Automatische Endabschaltung
o Batterie- und Aussteuerungskontrolle
 durch kombiniertes Zeigerinstrument

Technische Hinweise:
1 W Spitzenleistung. Bandgeschwindig-
keit 4,75 cm/s. Laufzeit: max. 2 x 60 Min.
Ein- und Ausgänge wie SABA cassetten-
recorder 315.
Zubehör: Bereitschaftstasche, Mikrofon
mit Ständer, Ohrhörer, Leercassette,
Rundfunkverbindungskabel.
Gewicht: 2,5 kg mit Batterien.
Maße: ca. 24 x 7,5 x 26 cm (B x H x T).
Ausführung und Preis einschl.
Zubehör und Urheberabgabe:
Nußbaumfarben   DM 248.—

Die Wunsch-Recorder, in denen alles drinsteckt.

1 SABA cassetten-recorder 315

Eingebautes Mikrofon mit Leuchtanzeige.
Aussteuerungs-Automatik.
Mithörmöglichkeit bei Aufnahme.
Flachbahnregler für Lautstärke und Klang.
Automatische Endabschaltung.
Schneller Vor- und Rücklauf.
Anschlußbuchsen für Aufnahme/Wiedergabe und Außenmikrofon.
Endstufe: 2 Watt Ausgangsleistung.
Eingänge: Mikrofon, Radio/TA/Band.
Ausgänge: Radio/Band, Ohrhörer.
Stromversorgung: 220 Volt ~.
Batterien: 4 Babyzellen à 1,5 V.

Ausführung: schwarz.
Maße: ca. 27 x 15 x 8 cm (B x H x T).
Gewicht: ca. 2,2 kg mit Batterien.
Zubehör (im Preis eingeschlossen):
Ohrhörer, Leercassette, Rundfunkverbindungskabel.
Festpreis einschl. Zubehör und
Urheberabgabe: DM 198,-

2 SABA cassetten-recorder 325

Aussteuerung automatisch oder manuell (umschaltbar).
Flachbahnregler für Klang und Lautstärke bzw. Aussteuerung.
Fernbedienung Start/Stop über Mikrofon steuerbar.
Schneller Vor- und Rücklauf.
Allfrequenzlautsprecher 10,5 cm ∅.
Dreistelliges Zählwerk mit Nulltaste.

Automatische Endabschaltung.
Elektronisch geregelter Motor.
Großes Reportagefach für Zubehör.

Ausgangsleistung: 2 Watt.
Eingänge: Mikrofon, Radio/TA/Band.
Ausgänge: Radio/Band, Ohrhörer.
Stromversorgung: 220 Volt ~.
Batterien: 6 Babyzellen à 1,5 V
(Leakproof), 9 V-Netzteil (extern).

Ausführung: Nußbaumfarben.
Maße: 24 x 7,5 x 26 cm (B x H x T).
Gewicht: 2,5 kg mit Batterien.
Zubehör: Bereitschaftstasche, Mikrofon mit Ständer, Ohrhörer, Leercassette, Rundfunkverbindungskabel
(im Preis eingeschlossen).
Festpreis einschl. Zubehör
und Urheberabgabe   DM 248,-

SABA
SABA
Aussteuerung
Batterie
SABA CR 325
Stop
Cassette
4 6 8 10

SABA
SABA
compact cassette c60
SABA
1
SEITE
compact cassette
C60
SABA

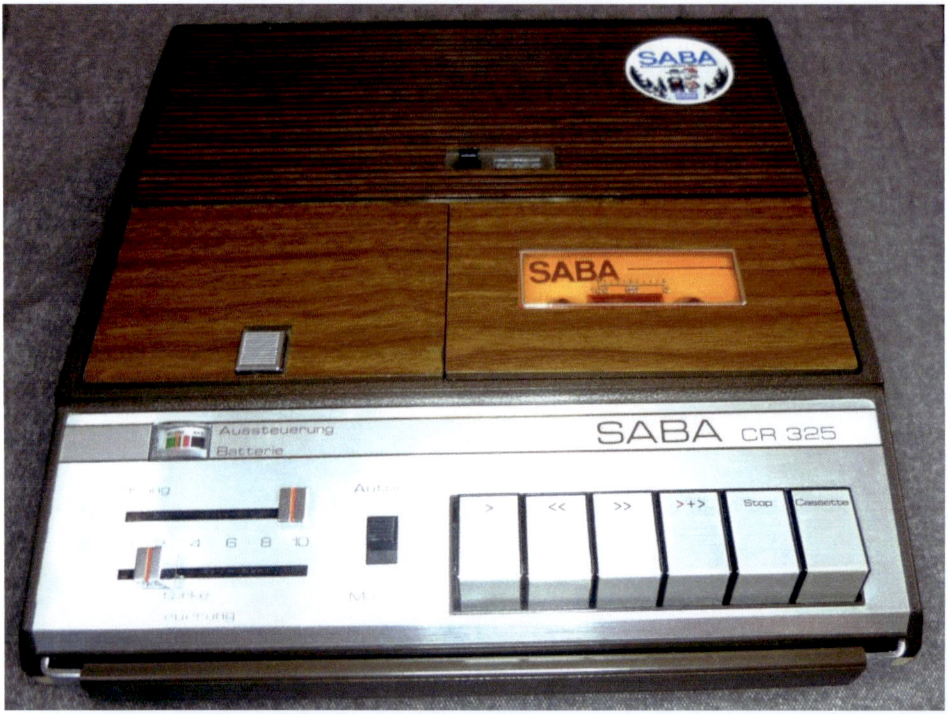

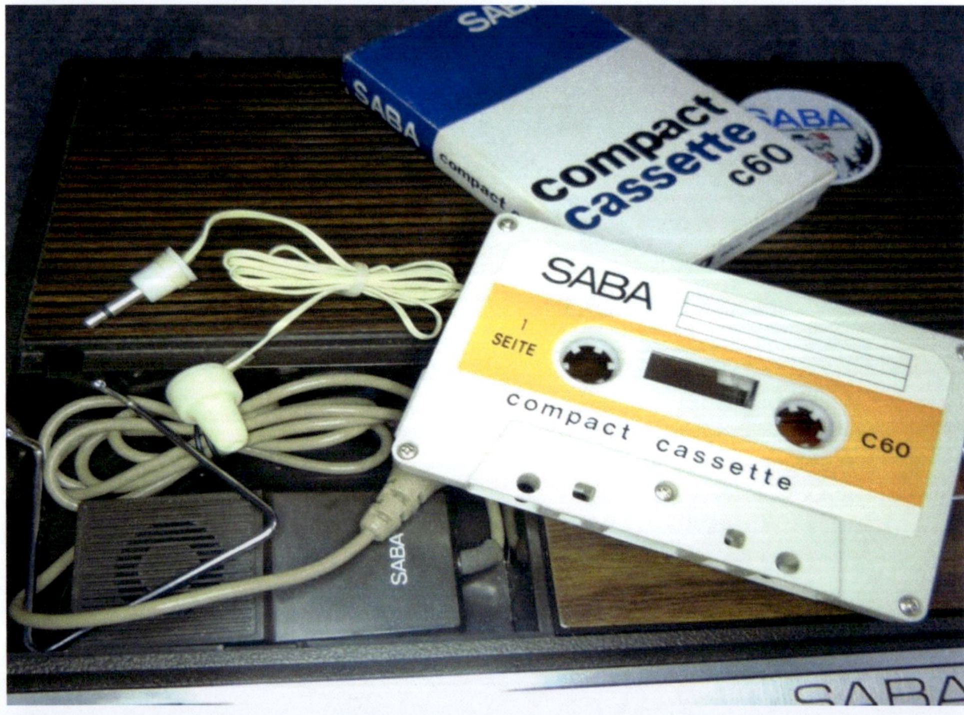

SABA
SABA
cassetten-recorder 325H
220V~50c/s Batt.6×1.5V
Leistungsaufnahme 5 Watt
Vor Feuchtigkeit schützen
Protect against moisture
SABA

Endlich kam 1973 ein STEREO-Recorder auf den Markt, CR 335:

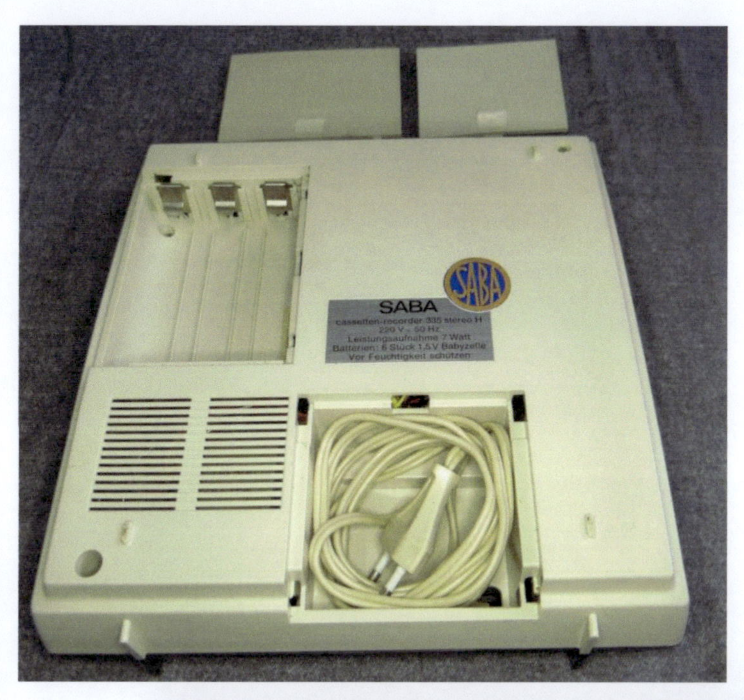

SABA
SABA
cassetten-recorder 335 stereo H
220 V ~ 50 Hz
Leistungsaufnahme 7 Watt
Batterien: 6 Stück 1,5 V Babyzelle
Vor Feuchtigkeit schützen

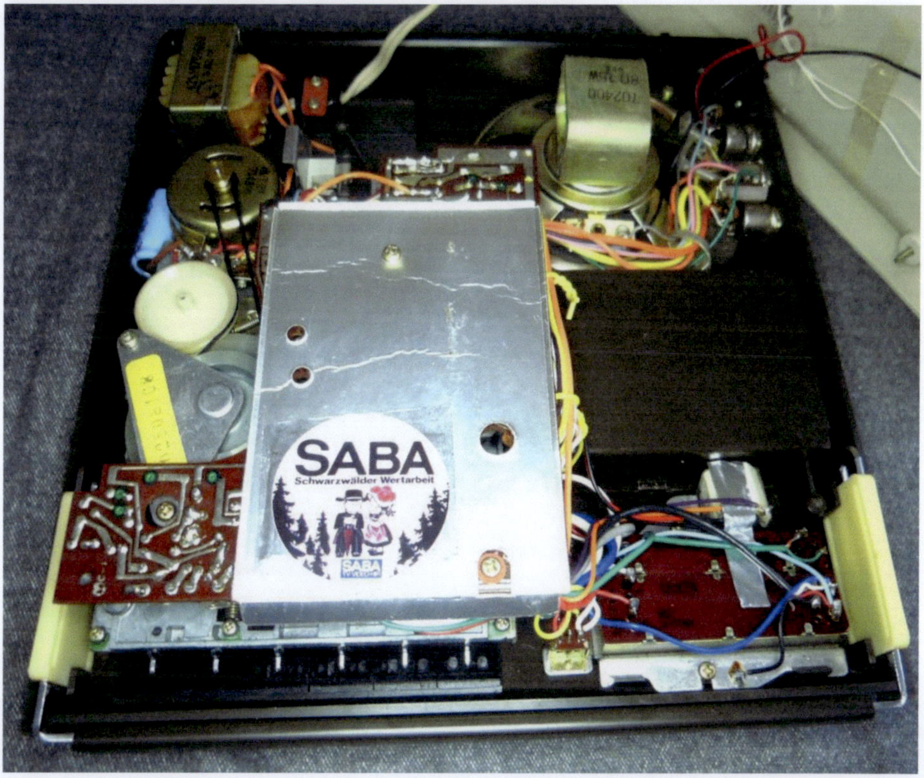
SABA
Schwarzwälder Wertarbeit
SABA

Cassetten-Hobby –
jetzt in Stereo.
Zu einem erstaunlichen Preis!

SABA cassetten-recorder 335 Stereo

Vollwertiges Stereodeck für Aufnahme und Wiedergabe.
Eingebaute Endstufe mit Lautsprecher für Monowiedergabe.
Umschaltbar für Chromdioxid- oder Standardband.
Batterie- und Netzbetrieb mit selbsttätiger Umschaltung.
Aussteuerung automatisch oder manuell.

Flachbahnregler für Klang und Lautstärke bzw. Aussteuerung.
Stereo-Kopfhörer-Anschluß regelbar.
Fernbedienung Start/Stop über Mikrofon steuerbar.
Dreistelliges Zählwerk mit Nulltaste.
Schneller Vor- und Rücklauf.
Laufzeit 2 x 45 Minuten bei Cassette C 90.
Aussteuerungskontrolle durch Spitzenspannungs-Zeigerinstrument.
Automatische Endabschaltung.
Anschlußbuchsen für Stereo-Aufnahme/Wiedergabe und Stereo-Mikrofon.
Besonders großer Allfrequenz-Lautsprecher 10,5 cm ⌀.
Batterie-Kontrolle durch Zeigerinstrument.
Elektronisch geregelter Motor.
Großes Reportagefach für Zubehör.
2 Watt Ausgangsleistung.

Eingänge: Stereo-Mikrofon, Radio/TA/Band, 9 V –.
Ausgänge: Radio/Band, Stereo-Kopfhörer/2 Stereo-Lautsprecher.
Stromversorgung: 220 Volt ~ oder 6 Babyzellen à 1,5 V (Leakproof) oder 9 V– (extern).

Ausführung: Nußbaumfarben.
Maße: ca. 24 x 7,5 x 26 cm (B x H x T).
Gewicht: ca. 3 kg mit Batterien.
Zubehör (im Preis eingeschlossen):
Bereitschaftstasche, Mono-Mikrofon, Leercassette und Stereo-Rundfunk-verbindungskabel.
Festpreis einschl. Zubehör und Urheberabgabe   DM 298,–

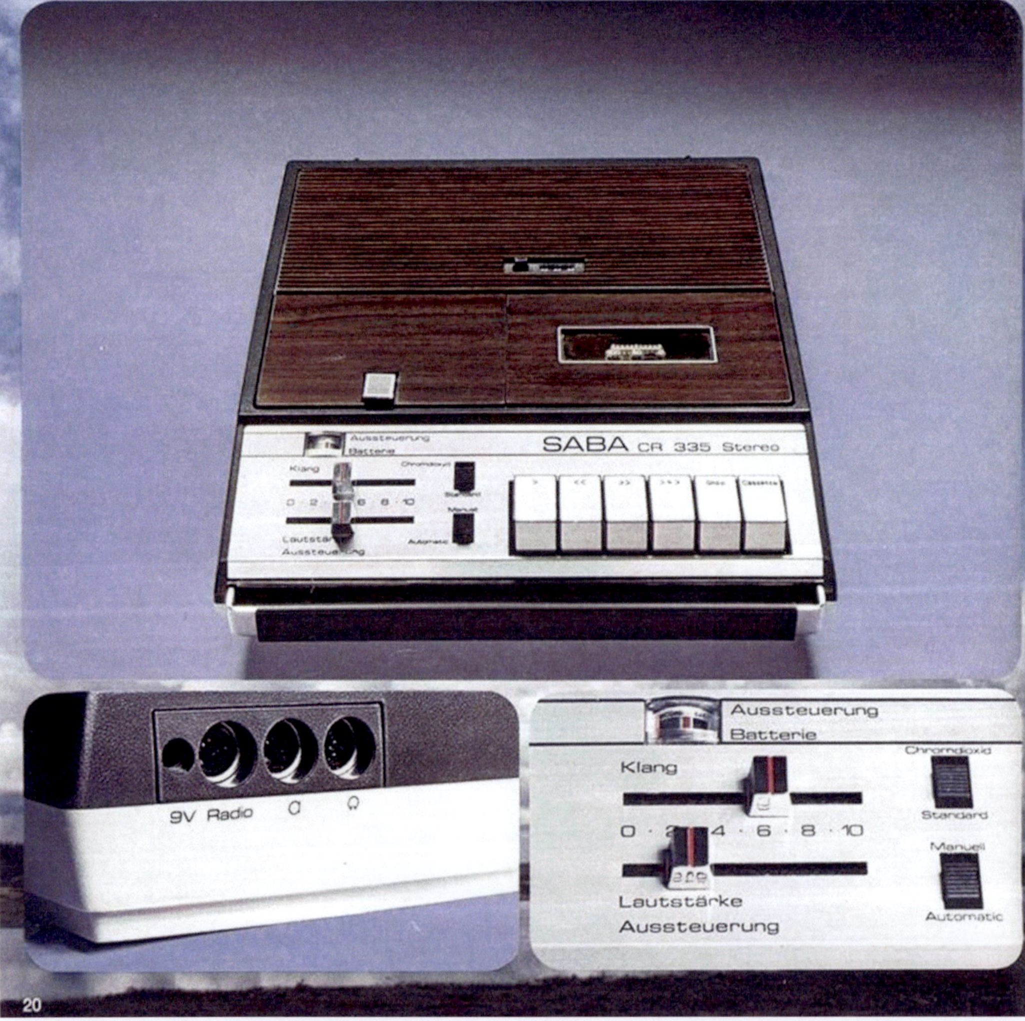

Erstaunlich preisgünstig: Cassetten-Hobby in Stereo!

1 SABA cassetten-recorder 335 Stereo

Vollwertiges Stereodeck für Aufnahme und Wiedergabe.
Eingebaute Endstufe mit Lautsprecher für Mono-Wiedergabe.
Zusatz-Einrichtung für Stereo-Wiedergabe über Stereo-Kopfhörer.
Umschaltbar für Chromdioxid- oder Standardband.
Batterie- und Netzbetrieb mit selbsttätiger Umschaltung.
Aussteuerung automatisch/manuell.
Flachbahnregler für Klang und Lautstärke bzw. Aussteuerung (Abb. 2).
Aussteuerungskontrolle durch Zeigerinstrument.
Dreistelliges Zählwerk mit Nulltaste.
Automatische Endabschaltung.

Besonders großer Allfrequenz-Lautsprecher 10,5 cm Ø.
Batterie-Kontrolle durch Zeigerinstrument.
Elektronisch geregelter Motor.
Großes Reportagefach für Zubehör.
Bereitschaftstasche (siehe Abb.3, Seite 20).

Ausführung, Maße, Gewicht, Zubehör
Ausführung: nußbaumfarben.
Maße: ca. 24 x 7,5 x 26 cm (B x H x T).
Gewicht: ca. 3 kg mit Batterien.
Zubehör (im Preis eingeschlossen):
Bereitschaftstasche, Mono-Mikrofon, Leercassette und Stereo-Rundfunk-verbindungskabel.

Der CR 335 eignet sich ausgezeichnet als Baustein für eine preiswerte Stereo-Anlage.
Die passenden Steuergeräte mit Boxen finden Sie auf Seite 27 in diesem Prospekt.

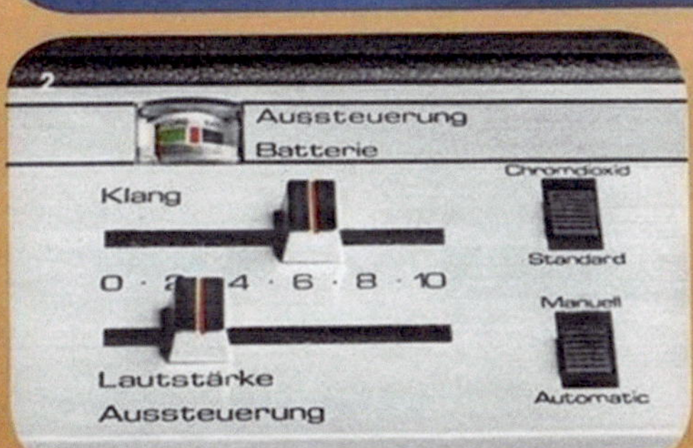

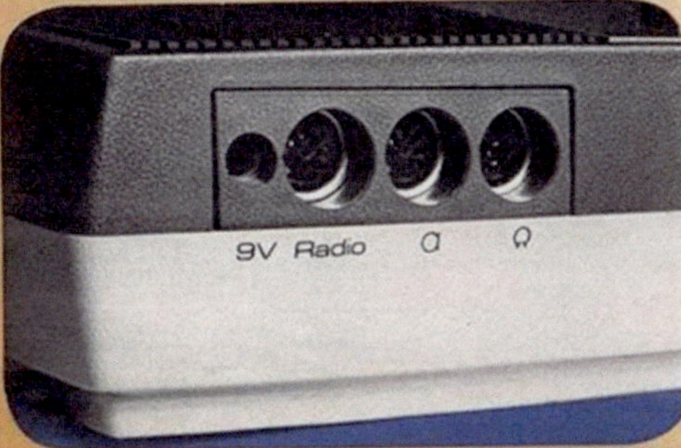

1975 war der Recorder immer noch aktuell. Was war damals denn mit High Fidelity? NAKAMICHI lieferte bereits ab 1968 Laufwerke für Firmen, die diese Norm erfüllten. Mit Chrom-Band erreichten die SABA Rcorder CR 325/335 schon HiFi. SABA durfte es eben nur nicht mit dem Label zeigen. Daten: CR 325/335: 60 bis 12.000 Hz (keine Chromeinstellung) CR 335: 60 bis 14.000 Hz (mit Chromband), HiFi-Norm erfüllt. Wieder verpasste SABA den Einstieg, frühzeitig zu handeln. Also nahm SABA auch dieses Wunderlaufwerk von NAKAMICHI. Zuerst gab es im Prospekt ein ganz kleines Bild vom CR 835. Er wurde auch nicht lange angeboten. Dann veröffentlichte SABA endlich einen eigenen HiFi-Recorder. Aber das ist eine andere Geschichte.

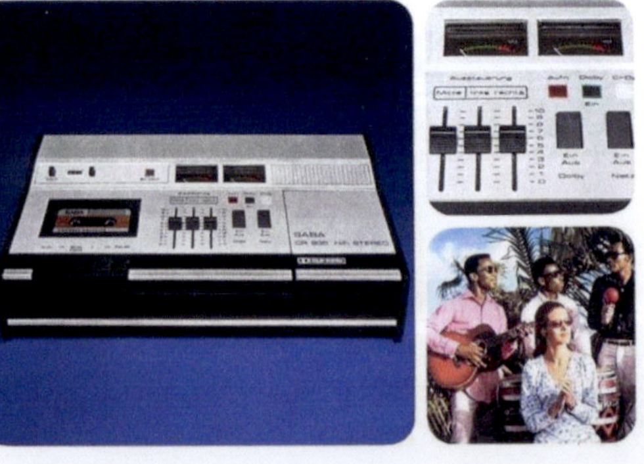

Dann kam eine Revolution:

Der letzte Recorder dieser Reihe war der CR 336. Mit 5 integrierten Schaltkreisen war er auf der Höhe der Zeit. Aber auch er erreichte die HiFi-Norm NUR mit Chromband. 60 bis 12.000 Hz mit Ferroband, Chrom 60 bis 14.000 Hz. Den Recorder gab es von 1976 bis Anfang 1979.

SABA
cassetten-recorder 336 stereo K
220 V~ 50 Hz
Leistungsaufnahme 7 Watt
Batterien: 6 Stück 1,5 V Babyzelle
Vor Feuchtigkeit schützen
SABA
NEU 
SABA
TV·VIDEO·HIFI
...jetzt mit LED Beleuchtung!
SABA
Schwarzwälder Wertarbeit

Als FINAL EDITION gab es den 336 mit LED Instrumentenbeleuchtung.

Stereo-Klang für individuellen Musikgenuß.

1 SABA Cassetten-Recorder 336 Stereo

Mobiler Stereo-Cassetten-Recorder für Batterie- und Netzbetrieb. Eingebaute Ton-Endstufe mit Lautsprecher. Automatische Umschaltung auf Chromdioxidband.

- ○ Vollwertiger Stereo-Baustein für Aufnahme und Wiedergabe.
- ○ Batterie- und Netzbetrieb mit selbsttätiger Umschaltung.
- ○ Batteriekontrolle durch Zeigerinstrument (Abb. 2).
- ○ Aussteuerung je nach Wunsch: automatisch oder manuell.
- ○ Aussteuerungskontrolle durch Zeigerinstrument (Abb. 2).
- ○ Besserer Klang durch Umschaltung auf Chromdioxidband mit Leuchtanzeige.

- ○ Leichtgängige Flachbahnregler für Klang und Lautstärke bzw. manuelle Aussteuerung.
- ○ Eingebaute Ton-Endstufe mit Lautsprecher für Mono-Wiedergabe (2 Watt Spitzenleistung). Dadurch sind Sie z. B. unterwegs, unabhängig von Rundfunkgerät oder Verstärkeranlage.
- ○ Stereo-Wiedergabe für individuellen Musikgenuß über Kopfhörer mit unabhängiger Lautstärkeregelung.
- ○ Automatische Band-Endabschaltung.
- ○ Zählwerk mit Nulltaste.
- ○ Der elektronisch geregelte Motor garantiert gleichmäßigen Lauf der Cassette.
- ○ Bereitschaftstasche (Abb. 3).

Dieser Stereo-Cassetten-Baustein eignet sich als idealer Grundstein für eine Stereo-Anlage. Zum Ausbau empfehlen wir die Geräte SABA Konstanz Stereo automatic (Seite 46) oder SABA Meersburg Stereo automatic (Seite 46).
Bei diesen Geräten sind die Stereo-Lautsprecherboxen bereits im Lieferumfang enthalten.

Ausführung, Maße, Gewicht, Zubehör
Ausführung: mattschwarz.
Maße: ca. 24 x 7 x 26 cm (B x H x T).
Gewicht: ca. 3 kg mit Batterien.
Zubehör (im Preis inbegriffen): Leercassette, Mono-Mikrofon, Stereo-Rundfunk-Verbindungskabel und Bereitschaftstasche (Abb. 3).

SABA Cassetten-Recorder 336 Stereo, 316/326 automatic

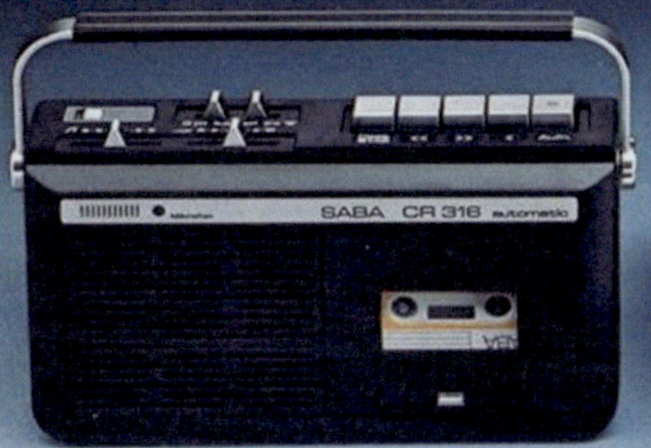

CR 316

CR 326

CR 336

Die bewährten SABA Cassetten-Recorder für perfekte Aufnahme und Wiedergabe:

SABA Cassetten-Recorder 336 Stereo
Mobiler Stereo-Cassetten-Recorder für Batterie- und Netzbetrieb mit selbsttätiger Umschaltung. Eingebaute Ton-Endstufe mit Lautsprecher für Mono-Wiedergabe. Dadurch sind Sie z. B. unterwegs unabhängig von Rundfunkgerät oder Verstärkeranlage. Stereo-Wiedergabe für individuellen Musikgenuß über Kopfhörer mit praktischer Lautstärkeregelung am Gerät.

Dieser Stereo-Cassetten-Recorder eignet sich als idealer Grundstein für eine Stereo-Anlage. Zum Ausbau empfehlen wir das Gerät SABA Meersburg (Seite 58). Die Lautsprecherboxen sind dabei bereits im Lieferumfang enthalten.

Weitere Informationen finden Sie in der Tabelle auf Seite 75.

SABA Cassetten-Recorder 326 automatic
Leistungsstarker Casetten-Recorder für Batterie- und Netzbetrieb mit selbsttätiger Umschaltung. Eingebautes Mikrofon. Aussteuerung automatisch oder manuell. Aussteuerungs-Anzeige und Batterie-Kontrolle durch Zeigerinstrument. Umschaltung auf Chromdioxidband.
Guter Klang durch großen Lautsprecher und Klangregler. Praktische Bereitschaftstasche.

Weitere Informationen finden Sie in der Tabelle auf Seite 75.

SABA Cassetten-Recorder 316 automatic
Kompakt-Cassetten-Recorder mit geringen Abmessungen: ideal für Balkon und Garten. Batterie- und Netzbetrieb mit selbsttätiger Umschaltung und Batterie-Kontrolle. Eingebautes Mikrofon. Aussteuerungs-Automatik. Automatische Umschaltung auf Chromdioxidband. Guter Klang durch großen Lautsprecher und Klangregler.

Weitere Informationen finden Sie in der Tabelle auf Seite 75.

Ausführung, Maße, Zubehör
Ausführung: mattschwarz.
Maße: CR 316
27 x 16 x 8 cm (B x H x T),
CR 326: 30 x 7 x 23 cm (B x H x T),
CR 336: 24 x 7 x 26 cm (B x H x T).
Zubehör (im Preis inbegriffen): Ohrhörer, Leercassette, Rundfunkverbindungskabel. Beim CR 326 zusätzlich die Bereitschaftstasche und beim CR 336 Bereitschaftstasche und Mono-Mikrofon.

SABA

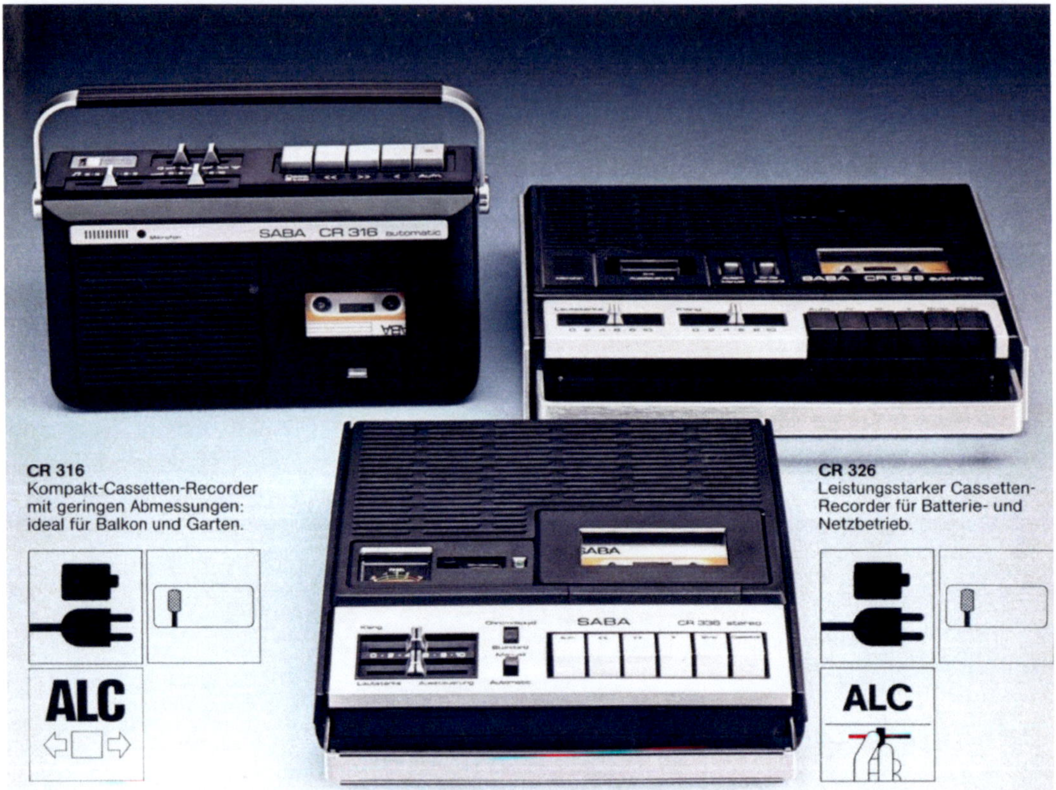

CR 316
Kompakt-Cassetten-Recorder
mit geringen Abmessungen:
ideal für Balkon und Garten.

CR 326
Leistungsstarker Cassetten-
Recorder für Batterie- und
Netzbetrieb.

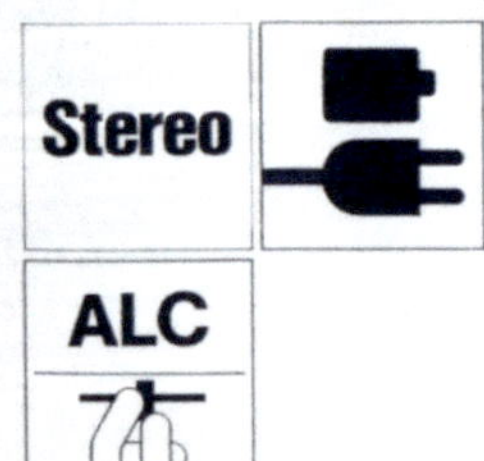

SABA Cassetten-Recorder
336 Stereo, 326 und 316 automatic

CR 336 Stereo
Mobiler Stereo-Cassetten-
Recorder mit eingebauter
Ton-Endstufe für Mono-
Wiedergabe.

SABA

**SABA Cassetten-Recorder
336 Stereo.**
Mobiler Stereo-Cassetten-
Recorder für Batterie- und
Netzbetrieb mit selbsttätiger
Umschaltung. Eingebaute
Ton-Endstufe mit Laut-
sprecher für Mono-Wieder-
gabe. Dadurch sind Sie z.B.
unterwegs unabhängig von
Rundfunkgerät oder Ver-
stärkeranlage. Stereo-Wiedergabe für individuellen Musikgenuß über Kopfhörer mit
praktischer Lautstärkere-
gelung am Gerät.
Dieser Stereo-Cassetten-
Recorder eignet sich als
idealer Grundstein für eine
Stereo-Anlage. Zum Ausbau
empfehlen wir das Gerät
SABA ULTRA HiFi 9060
(Seite 71).

**SABA Cassetten-Recorder
326 automatic.**
Batterie- und Netzbetrieb mit
selbsttätiger Umschaltung.
Eingebautes Mikrofon. Aussteuerung automatisch oder
manuell. Aussteuerungs-
Anzeige und Batterie-Kon-
trolle durch Zeigerinstrument.
Umschaltung auf Chromdioxidband. Guter Klang durch
großen Lautsprecher und
Klangregler. Praktische Bereitschaftstasche.

**SABA Cassetten-Recorder
316 automatic.**
Batterie- und Netzbetrieb mit
selbsttätiger Umschaltung und
Batterie-Kontrolle. Eingebautes Mikrofon. Aussteuerungs-Automatik. Automa-
tische Umschaltung auf
Chromdioxidband. Guter
Klang durch großen Laut-
sprecher und Klangregler.

**Weitere Informationen
finden Sie in der Übersicht
auf Seite 99.**

Ausführung, Maße
Ausführung: mattschwarz.
Maße: CR 316
27 x 16 x 8 cm.
CR 326: 30 x 7 x 23 cm.
CR 336: 24 x 7 x 26 cm.
(Breite x Höhe x Tiefe).

Zubehör
Im Preis inbegriffen: Ohrhörer,
Leercassette, Rundfunkverbindungskabel. Beim CR 326
zusätzlich eine Bereitschaftstasche und beim CR 336 Bereitschaftstasche und Mono-
Mikrofon.

**SABA Cassetten-Recorder
336 Stereo.**
Mobiler Stereo-Cassetten-
Recorder mit eingebauter
Ton-Endstufe für Mono-
Wiedergabe.

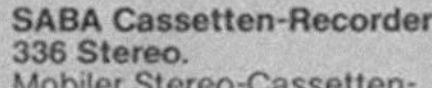

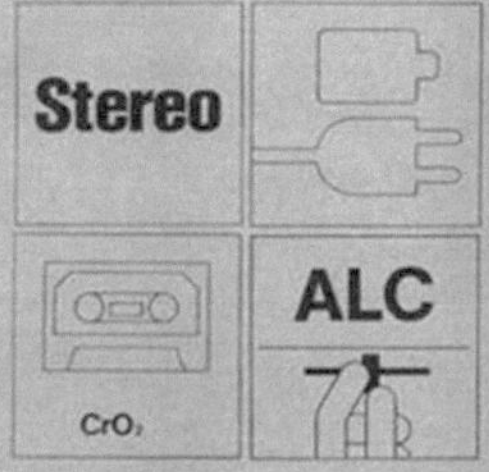

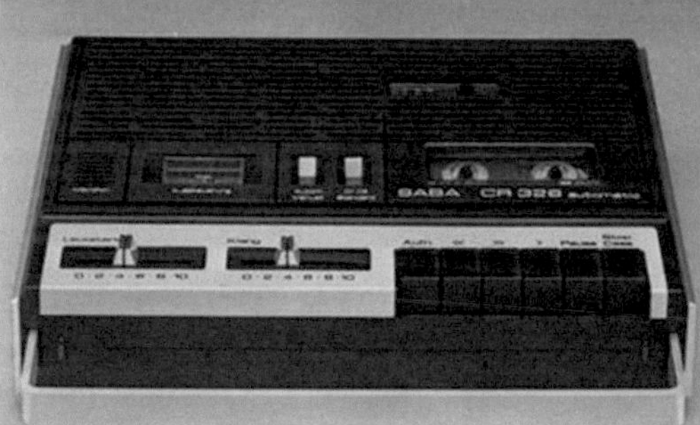

**SABA Cassetten-Recorder
326 automatic.**
Leistungsstarker Cassetten-
Recorder für Batterie- und
Netzbetrieb.

**SABA Cassetten-Recorder
317 automatic.**
Kompakt-Cassetten-Recorder
mit geringen Abmessungen:
ideal für Balkon und Garten.

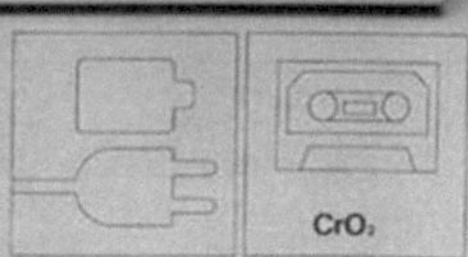

Und 1976 gab es kurzzeitig den Kopfhörer SENNHEISER HD 414 als SABA HD 414 im Zubehör.

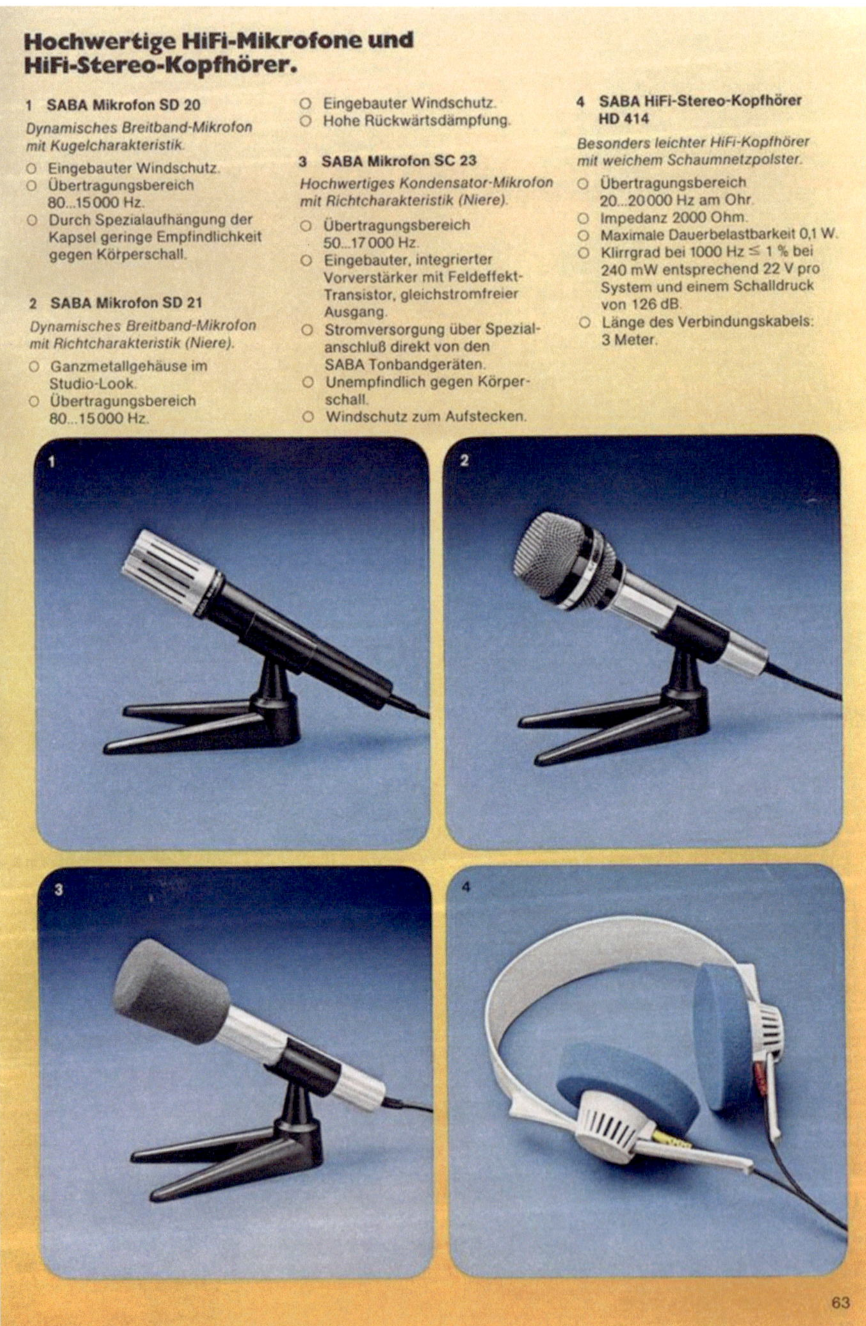

Zubehör:

Die mitgelieferten Mikrofone hatten anfangs einen EIN/AUS-Schalter.

Ersatz-Bedienungsanleitung gibt es von SÜLTZ BÜCHER:

Blechschilder:

Die Beigabe-Cassette gab es in C 30 und in C 60:

Service:

Alle Recorder dieser quadratischen Serie funktionieren eigentlich auch nach 55 Jahren immer noch. Die Instrumente aller Baureihen könnten von der Zeigerlagerung her verharzt sein. Das kann man wieder reparieren. Hierzu ist Sinterlageröl

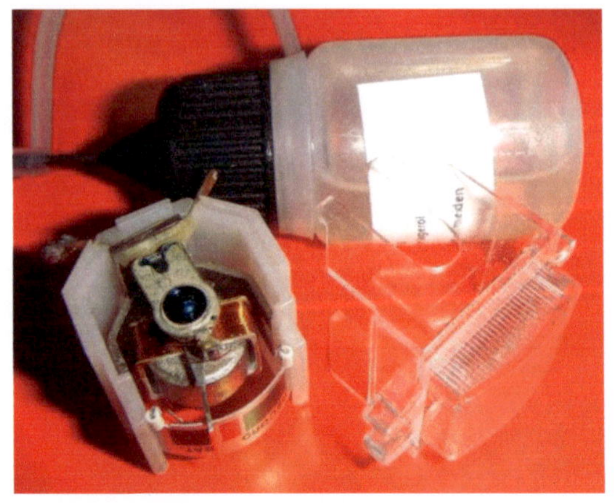

gut. Die Schieber für Lautstärke und Klang könnten kratzen, da hilft KONTAKT 60. Die Riemen sind zu 99 % nicht zu Teer aufgelöst, so wie bei der PHILIPS EL 33xx Baureihe. Zu lange gestandene Motoren laufen ebenfalls wieder mit Sinterlageröl. Die A/W-Schieber vertragen immer KONTAKT 60-Spray. Sie Sollten regelmäßig bewegt werden. Eigentlich ja bei allen Recordern mit Schiebern. Also regelmäßig 20 x auf die Aufnahmetaste gedrückt und es hält lange.

Meist, wenn überhaupt, sitzt die Motorwelle fest. Etwas Öl von oben einträufeln und abwarten. Mit leichten Schlägen und Drehbewegungen läuft der Motor dann wieder.

Die Riemen gibt es günstig im Internet zu erwerben. Es lohnt sich ein Set zu kaufen, den Rest kann man schon irgendwann brauchen. Übrigens muss der Riemen für das Zählwerk nicht unbedingt sofort getauscht werden. Durch lange Standzeiten ist er nun verformt. Etwas KONTAKT 60 aufsprühen und er läuft wieder. Aber wenn man das Laufwerk schon ausbauen muss, lohnt sich der Riemen auch. Andruckrollen und Zwischenradgummis sind ebenfalls im Internet erhältlich. Um das Laufwerk auszubauen, muss der Cassettenfachdeckel ausgebaut werden. Der kann an der linken Seite abgehoben werden, dann die Feder abnehmen. Alles ist sehr einfach gehalten und auf Ewigkeit konstruiert.

Service-Einstellungen

1. Tonkopfjustage

Gehäuseteile unterhalb des Cassetten-
deckels herausnehmen.
Von Testcassette 6,3 kHz wiedergeben
und mit Kopfjustageschraube (linke Seite)
max. Ausgangsspannung einstellen.

2. Ausgangspegel an Radio-Buchse

Von Testcassette Vollpegel 333 Hz
wiedergeben.
Mit P 102 und P 202 Ausgangsspannung
auf 900 mV einstellen.

3. Ausgangspegel Kopfhörer-Buchse

Wie Pos. 2
Mit P 103 und P 203 Ausgangsspannung
über 400 Ohm auf 650 mV einstellen.

4. Vormagnetisierung

Gerät auf Aufnahme schalten, S 11 auf
Standard-Band schalten.
NF-RVM über Spannungsteiler 1 M—
1 KOhm an C 127 bzw. C 227 anschließen.
Mit P 101 bzw. P 201 12 mV einstellen.

5. Instrument Einstellung

Bei 6,5 V Betriebsspannung mit P 1
Anzeige auf 3 dB einstellen.

Regolazioni di Servizio

1. Regolazione Testina

Tagliare ogni testina, in plastica, che
si trova sotto il coperchio porta cassetta.
Con cassetta campione riprodurre 6,3 kHz
e con la vite regolazione testina (parte
sinistra) regolare per la massima uscita.

2. Livello uscita presa Radio

Con cassetta campione riprodurre 333 Hz
a livello pieno. Con P 102 e P 202
regolare la tensione di uscita a 900 mV.

3. Livello uscita presa Cuffia

Come pos. 2.
Con P 103 e P 203 regolare la tensione
di uscita a 650 mV su 400 Ohm.

4. Premagnetizzazione

Apparecchio su Registrazione, S 11 in
posizione su nastro standart.
Collegare voltmetro B. F. tramite
partitore resistivo 1 M—1 kOhm su
C 127, rispettivamente C 227.
Con P 101 rispettivamente P 201, regolare la tensione a 12 mV.

5. Regolazione strumento indicatore

Con 6,5 Volt tensione alimentazione
regolare P 1 su 0 dB.

Réglages de service

1. Ajustage de la tête sonore

Enlever la nervure du boîtier au-dessous
du couvercle de la cassette.
Reproduire 6,3 kHz par la cassette
d'essai et régler à la tension de sortie
maximale par la vis d'ajustage de la
tête (côte gauche).

2. Niveau de sortie à la douille de radio

Reproduire le plein niveau de 333 c. par
la cassette d'essai.
Ajuster la tension de sortie à 900 mV par
le P 102 et le P 202.

3. Niveau de sortie à la douille de casque

Exactement comme alinéa 2.
Ajuster la tension de sortie à 650 mV via
400 ohms par le P 103 et le P 203.

4. Alimentation de polarisation

Brancher le magnétophone sur enregistre-
ment. Brancher S 11 sur la bande
standard.
Raccorder le voltmètre à lampes de basse
fréquence via le diviseur de tension
1 M—1 KOhm au C 127 ou au le C 227
respectivement.
Ajuster à 12 mV par le P 101 ou le P 201
respectivement.

5. Ajustage de l'instrument

Ajuster l'indicateur à 0 dB par le P 1
à une tension de service de 6,5 V.

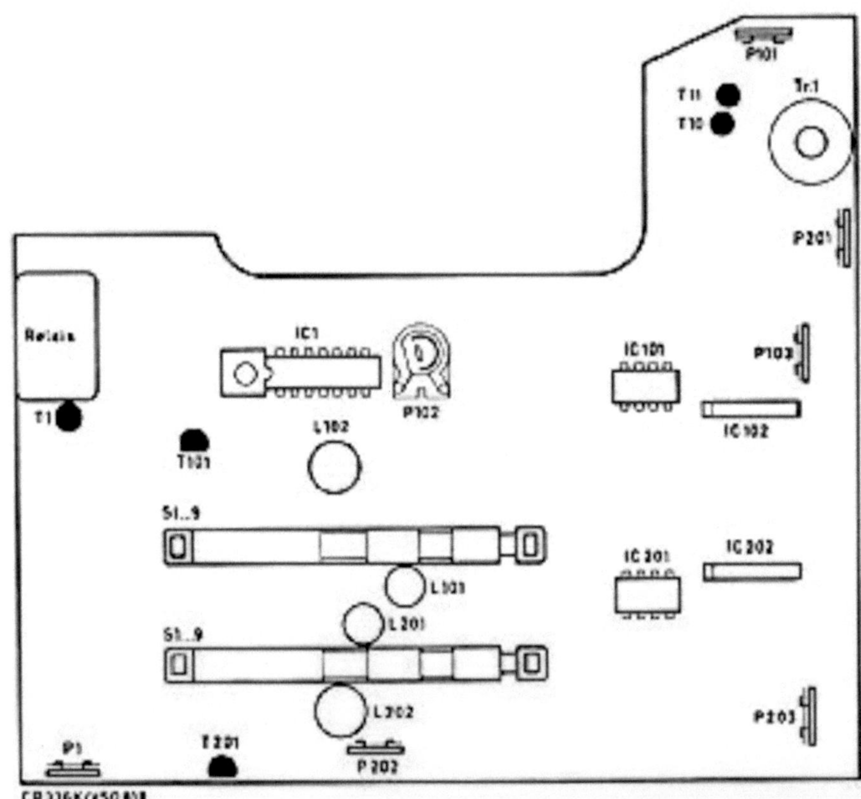

CR 336 K / VSO 810

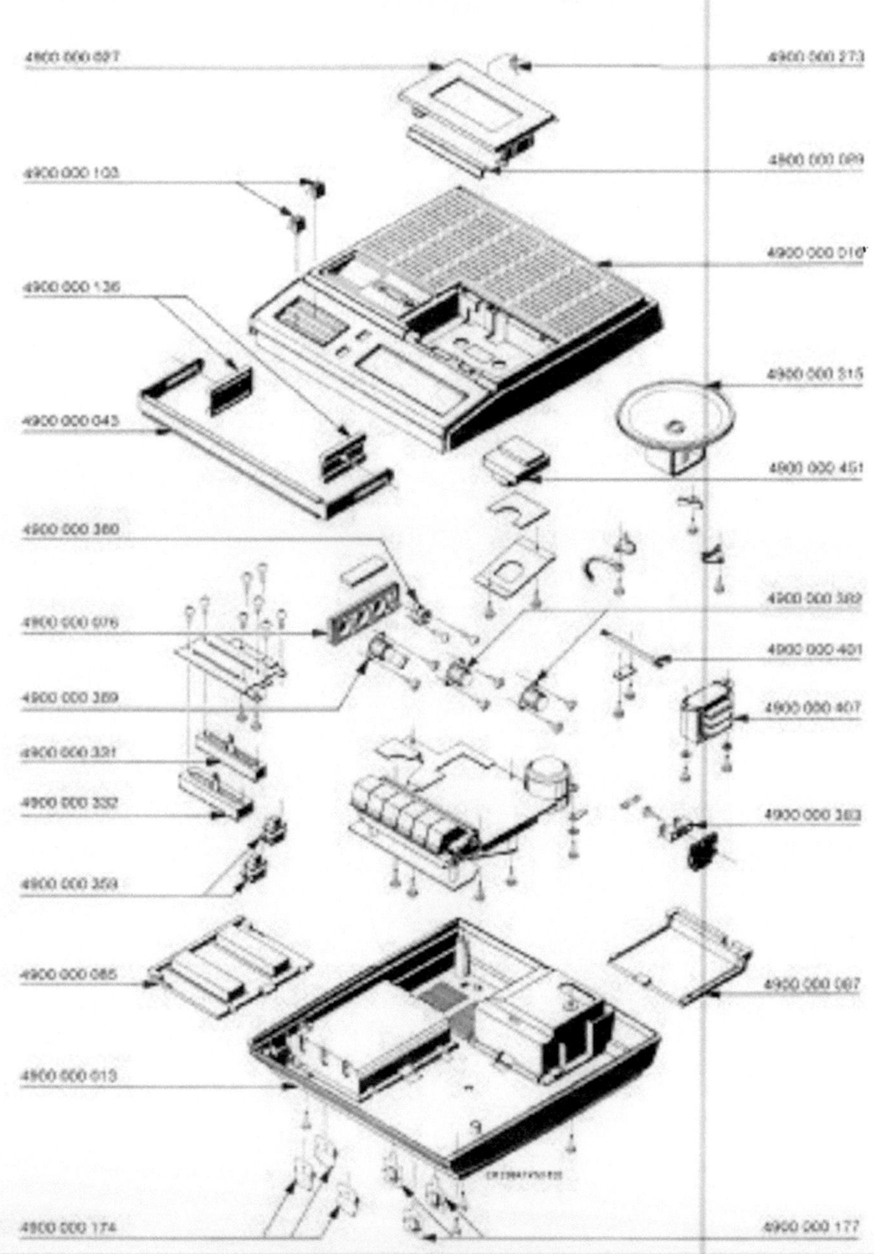
4900 000 027
4900 000 273
4900 000 103
4900 000 089
4900 000 016
4900 000 136
4900 000 315
4900 000 043
4900 000 451
4900 000 380
4900 000 389
4900 000 076
4900 000 401
4900 000 389
4900 000 407
4900 000 321
4900 000 332
4900 000 383
4900 000 359
4900 000 085
4900 000 087
4900 000 013
4900 000 174
4900 000 177

Ersatzteil-Lagepläne · Layout of spare parts · Disposition des éléments

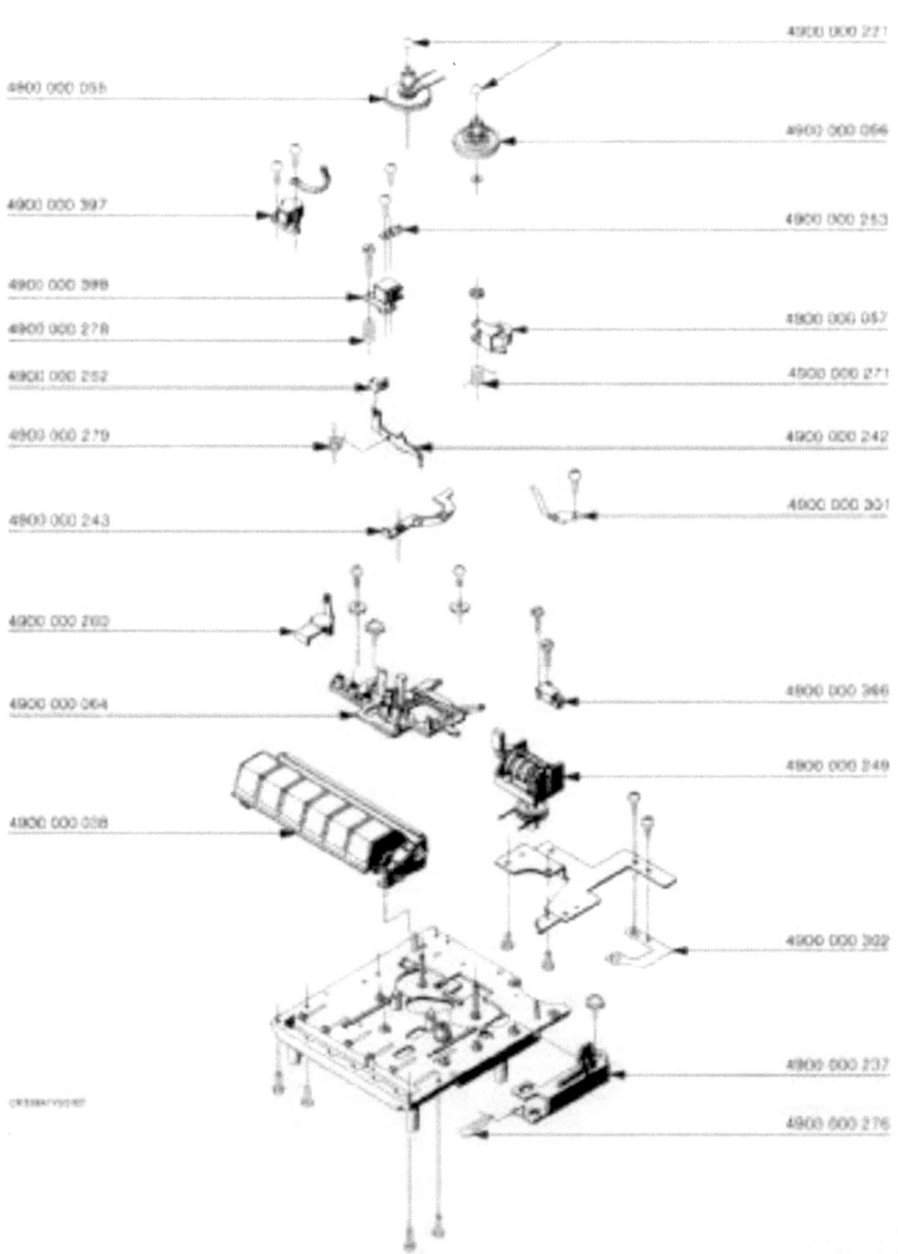

Etwas, was die Prospekte nicht eingehalten haben:

o Beim Diktieren Funktion Ein/Aus über
   Mikrofon steuerbar

Beim 320 war die Ein/Aus-Funktion an der 5-Pol-Buchse angeschlossen.

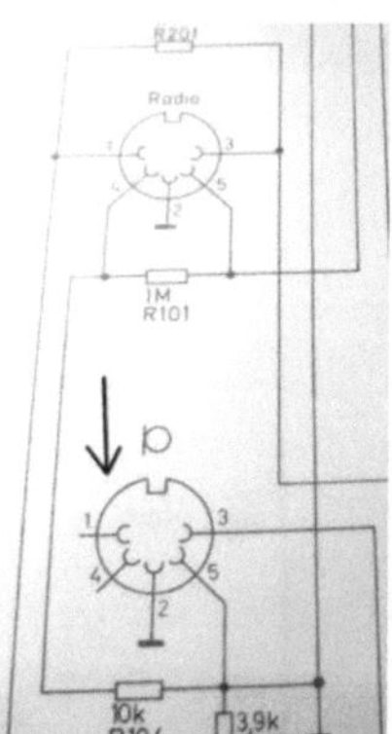

2   SABA cassetten-recorder 325

Aussteuerung automatisch oder
manuell (umschaltbar).
Flachbahnregler für Klang und
Lautstärke bzw. Aussteuerung.
Fernbedienung Start/Stop über
Mikrofon steuerbar.
Schneller Vor- und Rücklauf.
Allfrequenzlautsprecher 10,5 cm Ø.
Dreistelliges Zählwerk mit Nulltaste.

Cassetten-Hobby –
jetzt in Stereo.
Zu einem erstaunlichen Preis!

SABA cassetten-recorder 335 Stereo

Stereo-Kopfhörer-Anschluß regelbar.
Fernbedienung Start/Stop
über Mikrofon steuerbar.
Dreistelliges Zählwerk mit Nulltaste.
Schneller Vor- und Rücklauf.
Laufzeit 2 x 45 Minuten bei Cassette
C 90.
Aussteuerungskontrolle durch Spitzen-
spannungs-Zeigerinstrument

Die Geräte 325 und 335 hatten keine Ein/Aus-Funktion.

o Pausentaste
o Schneller Vor- und Rücklauf
o Dreistelliges Zählwerk mit Nulltaste
o Automatische Endabschaltung
o Batterie- und Aussteuerungskontrolle
   durch kombiniertes Zeigerinstrument

④ SABA
cassetten-recorder 325

Technische Hinweise:
1 W Spitzenleistung. Bandgeschwindigkeit 4.75 cm/s. Laufzeit: max. 2 x 60 Min.

Auch gab es nie eine PAUSEN-Taste!

Unsere Kundschaft wünschte sich ein beleuchtetes Instrument:

Die LEDs kamen Anfang der 1960er auf den Markt. Noch zu meinen
Lehrzeiten kostete eine blaue LED ein Vermögen. 30 Jahre dauerte die
Weiterentwicklung. Aus der blauen LED entwickelte man die ersten
weißen LEDs. Anfangs bauten wir orangene oder rote LEDs als
Instrumentenbeleuchtung ein. Später wurden diese gegen weiße LEDs
ausgetauscht. Ganz zum Schluss dieser Baureihe gab SABA eine
FINAL EDITION mit LED-Beleuchtung heraus.

*Ich wünsche allen Compact Cassetten Liebhabern viel Freude beim
Hobby, bleiben Sie gesund!* **Uwe H. Sültz**

DER NEUBAU des Thomson-Labors in Villingen geht nach nur wenigen Monaten Bauzeit seiner Fertigstellung entgegen. Das Gebäude steht auf dem Platz, auf dem früher die „Schellenmühle", der Stammsitz der Saba-Fabriken, stand.

Bild: Cock-Foto

Der Neubau . . .

. . . des Thomson-Labors in Villingen ist praktisch bezugsfertig hergestellt. In einer Rekordzeit von rund sechs Monaten wurde das Gebäude hochgezogen, in dem künftig der Entwicklungsbereich Fernsehen untergebracht sein soll. Ein weiterer Bau hinter dem neuerstellten Haus ist bereits fest eingeplant. Mit dem neuen, dreistöckigen Gebäude verfügt die Deutsche Thomson Brandt in Villingen über eine Laborfläche von 11 700 Quadratmetern, gut 600 Fachkräfte aus vielen Nationen sind hier in den unterschiedlichsten Bereichen forschend tätig. Die Palette geht von der Produktentwicklungen bis zur Hochfrequenztechnik.

Villingen ist praktisch, so stellt es jedenfalls Entwicklungs-Chef Erich A. Geiger dar, der zentrale Nabel der weltweiten Thomson-Forschung. Zu den direkt unterstellten Labors gehören die Einrichtungen in Straßburg, Hannover, Tokio, Singapur und Los Angeles; neu hinzugekommen sind jetzt die Labors von Ferguson im englischen Enfield, sowie RCA in Indianapolis/USA und in Taiwan, die ja als weitere Zukäufe von der Thomson-Gruppe einverleibt worden sind.

Labor-Boß Geiger jettet ständig zwischen diesen Einrichtungen hin und her und ist zudem noch häufig in der Konzern-Zentrale in Paris. Es sei, gibt er freimütig zu, „viel Durchstehvermögen notwendig, um den Jet-Lag auszuhalten."

fsc

SABA-Cassettenrecorder auf dem „Dach der Welt"

„Es ist kaum möglich, ein Gerät unter extremeren Bedingungen zu testen …" schreibt uns Dr. Gerhard Schmatz aus Neu-Ulm. Der Notar war Leiter der „Schwäbischen Himalaja-Expedition" zum vierhöchsten Berg der Welt, dem 8511 Meter hohen Lhotse. Zur Expeditionsausrüstung gehörte auch ein SABA-Cassettenrecorder CR 326, der dem Team wertvolle Tonbandaufnahmen ermöglichte. Das Gerät war während der ganzen Dauer der Expedition uneingeschränkt einsatzfähig. Höchstes Lob spendete Dr. Schmatz in einem Brief: „Nicht selten bedeckte eine Eisschicht das Gerät, wenn wir morgens in das Messezelt des Basislagers kamen. Trotzdem funktionierte der Recorder immer einwandfrei." Die Eintönigkeit in der Welt der Bergriesen wurde dank der Cassettenrecorder-Musik erträglicher.

Dieses Bild, abgezogen von einem Farbdia, entstand in einer Höhe von 8511 Metern. Die Schwäbische Himalaya-Expedition hatte auf ihrem Weg zum vierthöchsten Berg der Welt, dem Lhotse, einen SABA-Cassettenrecorder dabei, der trotz Vereisung nie den Dienst versagte.

SABA ist der beherrschende Aussteller in Halle 4 der Internationalen Funkausstellung in Berlin. Auf einer weiten Fläche werden Besuchern und Fachhändlern die neuesten Produkte aus dem Villinger Haus mit großem technischen und personellen Aufwand (rund 100 Mitarbeiter) präsentiert.

Oscar Peterson auf dem SABA-Stand: Am Nachmittag vor seinem Jazzkonzert besuchte der berühmte Pianist unseren Stand und ließ sich die neuen SABA-Geräte vorführen. Auf dem Bild begrüßen Verkaufsleiter H. J. Runge und H. W. Erasmy (Bildmitte), Pressechef der Düsseldorfer Messegesellschaften, den prominenten Gast.

Ganz auf SABA eingeschworen ist Tony Marshall, der „Fröhlichmacher der Nation". In seinem Baden-Badener Haus stehen drei Fernsehempfänger, ein Tonbandgerät, eine Stereoanlage und schließlich noch ein Video-Recorder, alle made by SABA.

Schnelles Saba-Ende ohne größere Wellen?

Erste Zahlen bei Sitzung des Wirtschaftsausschusses

VILLINGEN-SCHWENNINGEN (gk) „Thomson strebt ein schnelles Ende ohne größere Wellen an. Es besteht offenbar auch die Bereitschaft, der Belegschaft entgegenzukommen". Mit dem Eindruck, daß die andere Seite eine kooperative Lösung sucht, kam der Saba-Betriebsratsvorsitzende Wolf-Dieter Schneele gestern aus der Sitzung des Wirtschaftsausschusses.

Und: Es kamen endlich erste Zahlen auf den Tisch. Zahlen, die für den IG-Metall-Bevollmächtigten Günter Güner noch längst nicht ans Eingemachte gehen, stand beim Aufgalopp gestern doch allein die Rückschau auf das Geschäftsjahr 1992 der Saba-Vertriebsfirmen in Deutschland auf der Tagesordnung. Die hätten nur beschränkten Aussagewert, da sich in ihnen nicht wiederspiegeln könne, ob sich die Zentralisierung des Saba-Vertriebs in Hannover überhaupt rechne.

Was man von der nächsten Sitzung des Wirtschaftsausschusses am 22. März erwarte, sei intellektuelle Waffengleichheit, wie sie das Betriebsverfassungsgesetz im Paragraph 106 vorschreibe. Güner: „Der Betriebsrat ist rechtzeitig und umfassend über die wirtschaftlichen Angelegenheiten des Unternehmens unter Vorlage der erforderlichen Unterlagen zu unterrichten. Dazu gehört auch die Verlegung von Betriebsteilen', heißt es da unmißverständlich. Wir haben das Recht, die Geschäfts-

grundlage für die Absicht der Verlagerung nach Hannover kennenzulernen".

Stillegung hier gegen eine mögliche günstigere Kostenstruktur dort? Geht das Rechenexempel nachvollziehbar auf? Alle relevanten Einflußgrößen müßten, so Güner, auf den Tisch. Die Bewertung durch die Konzernspitze inklusive. Von einem „professionell operierenden Management" erwartet der Gewerkschaftler auch, daß es sichspruchreife Gedanken über mögliche Alternativen gemacht hat.

Der 22. März wird die eigentliche Nagelprobe bringen, dann geht es in medias res. Der Betriebsratsvorsitzende geht davon aus, daß dann schon die Umrisse eines Interessenausgleichs sichtbar werden, auch klar wird, „wieviel Mitarbeiter aus Villingen in Hannover überhaupt gebraucht werden". Die gegenüber unserer Zeitung geäußerte Einschätzung, daß bei Saba schon zum 30. Juni die Lichter ausgehen werden, hält Schneele weiter aufrecht.

SABA *aktuell*

Nr. 1/1987

Das SABA-Qualitätshändler-Konzept.

SABA
TV·VIDEO·HIFI
SABA
32
FERODO
SABA
Ferrari
SABA
TV·VIDEO·HIFI
BIEM
BIEM
burago
FERRARI 308 GTB